Crianza de conejos de carne y patos

Guía esencial del granjero para la cría y el cuidado de conejos, la cría de patos y las prácticas agrícolas sostenibles

CAPÍTULO 4: ALOJAR A TUS PATOS.. 157

CAPÍTULO 5: NUTRICIÓN DE LOS PATOS: ¿QUÉ DARLES DE COMER?... 171

CAPÍTULO 6: SALUD Y BIENESTAR DE LOS PATOS 186

CAPÍTULO 7: LA BELLEZA DEL HUEVO DE PATO 198

CAPÍTULO 8: CONSIDERACIONES ÉTICAS Y MEJORES PRÁCTICAS.. 212

CAPÍTULO 9: INTEGRACIÓN, COMPAÑERISMO Y CRIANZA.............. 223

CAPÍTULO 10: DESAFÍOS, SOLUCIONES Y PREGUNTAS FRECUENTES 232

CONCLUSIÓN 244

VEA MÁS LIBROS ESCRITOS POR DION ROSSER 246

REFERENCIAS.. 247

FUENTES DE IMÁGENES.. 260

Primera Parte: Cría de conejos para carne

Una guía completa para criar conejos de carne, incluyendo consejos para elegir una raza, construir el corral y el sacrificio

Introducción

¿Por qué debería lanzarse al mundo de la cría de conejos para carne? Hay muchas razones para hacerlo. Se ha hecho desde siempre y, sin embargo, a menudo se pasa por alto. Hubo un tiempo en que los conejos no eran meros compañeros domésticos, sino una parte vital de la producción cárnica de la granja. Mucho antes de que las barbacoas en el patio trasero se convirtieran en sinónimo de chuletones chisporroteantes y rollizos muslos de pollo, la gente conocía la joya oculta que eran los conejos. Antaño salvajes y escurridizas, estas esponjosas criaturas encontraron poco a poco su lugar como mascotas domésticas. No fue una transformación de la noche a la mañana, eso sí. Antes de que esto ocurriera, los conejos se utilizaban principalmente como fuente de alimento.

Ahora bien, se estará preguntando. Los pollos y las vacas han sido durante mucho tiempo las opciones para obtener carne, así que ¿por qué optar por los conejos? Considere la eficiencia de todo ello. Los pollos y las vacas exigen espacio, alimento y tiempo, una trifecta de recursos valiosos. Los conejos, en cambio, son potencias compactas. No necesitan pastos extensos ni enormes comederos. Un pequeño rincón de su jardín puede convertirse en un paraíso para los conejos y producir una impresionante cosecha de carne tierna.

Y hablemos de velocidad. Los pollos y las vacas se toman su dulce tiempo para madurar, exigiendo su paciencia mientras espera ese momento perfecto para degustar sus sabores. ¿Pero los conejos? Son los velocistas del mundo de la carne. En cuestión de semanas, tendrá carne de conejo en su plato. Es una rapidez satisfactoria que incluso el granjero más apresurado puede apreciar, pero aún hay más. Imagine una vida en la que su fuente de carne no solo sea económica, sino también sostenible. Los conejos son conocidos por su prodigiosa capacidad de cría, y su rápido ciclo de reproducción garantiza un suministro constante de carne para su mesa. Mientras que las gallinas y las vacas pueden requerir más atención a sus necesidades reproductivas, los conejos prácticamente escriben su propio guion, creando un delicioso excedente de carne.

Empezar su aventura con los conejos tiene varias posibilidades, y cada camino tiene su propio objetivo. Seguro que hay uno que se ajusta a sus intereses y habilidades. Quizá su objetivo sea la autosuficiencia. Piense en tener conejos como una forma de crear un mini ecosistema. Estas pequeñas criaturas pueden darle buenas proteínas para comer. O quizá le gusten los mercados de agricultores. La carne de conejo puede no ser la opción habitual para algunas personas, pero una vez que la prueben, podrían convertirse en sus fieles clientes. Otra opción es conectar con restaurantes. El conejo se ha hecho muy popular en los menús gracias a los chefs creativos. Al suministrarles carne de conejo de calidad, usted pasa a formar parte de esta tendencia culinaria.

Sin embargo, sea realista. Sea honesto sobre lo que puede manejar: sus habilidades, tiempo y recursos. No se deje llevar por la emoción sin un objetivo claro. Hay una historia sobre una familia que compró conejos para comer, pero cuando llegó el momento de procesarlos, no pudieron. Acabaron teniendo mascotas en lugar de carne. Una cosa que hay que recordar desde el principio es que criar conejos para carne significa que al final tendrá que ocuparse de sacrificarlos. Es una conversación seria que debe tener por adelantado para saber si se siente cómodo con todo el proceso antes incluso de empezar a aparear conejos.

En el mundo de la cría de conejos para carne, su viaje puede tener un destino diferente, pero lo que lo une todo es su dedicación al aprendizaje, al suministro y quizá incluso al procesamiento de la carne de conejo. Se trata de encontrar su propio camino y disfrutar de la aventura por el camino.

Capítulo 1: Introducción a la cría de conejos

La cría de conejos ha surgido como una búsqueda gratificante para individuos y familias que buscan una mezcla armoniosa de compañía y producción sostenible de alimentos. Con su naturaleza dócil, sus modestas exigencias de mantenimiento y su prolífica tendencia a la cría, los conejos han captado el interés de quienes buscan dedicarse a la cría de animales a pequeña escala. La cría de conejos es una oportunidad perfecta para cultivar una conexión con estas entrañables criaturas mientras se disfruta de los beneficios de la carne de cosecha propia. A medida que el libro se adentra en la cría de conejos, navegará por las diversas consideraciones, técnicas y recompensas de esta empresa, abarcando desde la selección de las razas de conejos adecuadas hasta la creación de hábitats sostenibles que se adapten a su estilo de vida.

La cría de conejos es una oportunidad perfecta para cultivar una conexión con estas entrañables criaturas mientras disfruta de los beneficios de la carne de cosecha propia [1]

Explorando la cría de conejos

El reino de la cría de conejos es un viaje polifacético que armoniza la crianza de seres vivos con prácticas agrícolas sostenibles. Un aspecto fundamental es seleccionar las razas de conejos que se ajusten a sus objetivos: producción de carne, pieles o mascotas atractivas. Estas decisiones sientan las bases de una experiencia gratificante. Es igualmente crucial proporcionar a los conejos un espacio de alojamiento adecuado. Desde los armarios hasta los tractores, el bienestar y la protección de estos animales son consideraciones primordiales. Del mismo modo, atender sus necesidades dietéticas con una mezcla equilibrada de verduras frescas, heno y pellets nutricionalmente densos garantiza una salud óptima.

Más allá de los aspectos prácticos, la cría de conejos ofrece la enriquecedora experiencia de observar comportamientos naturales, cuidar del crecimiento de las familias de conejos y fomentar la conexión con los ritmos de la naturaleza. Los beneficios van más allá, ya que su jardín se beneficia del valioso recurso del compost de desechos de conejo. Además, esta empresa fomenta una comprensión más profunda del cuidado de los animales, la ética de la cría y las prácticas de vida sostenible. Al embarcarse en esta exploración de la cría de conejos, descubrirá en este libro los matices que la convierten en una empresa satisfactoria y educativa para quienes buscan una conexión con el mundo natural y un camino hacia una vida sostenible y autosuficiente.

Por qué criar conejos para carne

Los conejos han acaparado la atención como una opción práctica y respetuosa con el medio ambiente para quienes buscan una alternativa a la producción convencional de carne. La cría de conejos como fuente de carne se basa en factores como un ciclo de reproducción corto, una conversión eficiente del alimento en proteína y unos requisitos de espacio manejables. Estos factores han convertido a los conejos en una elección factible para las familias y los particulares que pretenden adoptar prácticas alimentarias sostenibles dejando una huella ecológica mínima.

Tasa eficiente de conversión de alimento en carne

Los conejos destacan por su notable eficiencia a la hora de convertir el pienso en proteína de alta calidad. Conocidos por su dieta herbívora, tienen un sistema digestivo especializado que les permite tomar la mayor cantidad de nutrientes de materiales de origen vegetal como el heno y los cereales. Esta eficiente tasa de conversión de alimento en carne hace de la carne de conejo una opción magra y saludable. Contribuye a la conservación de los recursos al minimizar la cantidad de pienso necesaria para producir una cantidad sustancial de proteínas.

Requisitos mínimos de espacio

Criar conejos en su patio trasero es perfecto para las personas con espacio limitado. A diferencia de los animales domésticos de mayor tamaño que exigen extensas zonas de pastoreo, los conejos pueden prosperar en recintos modestos como conejeras o corrales. Esta adaptabilidad a espacios reducidos resulta especialmente atractiva en entornos urbanos y suburbanos donde el terreno escasea. En consecuencia, la cría de conejos ofrece una vía para la producción de carne incluso en entornos en los que la ganadería tradicional resultaría poco práctica.

Los conejos pueden prosperar en recintos modestos como conejeras o corrales[2]

Naturaleza de doble propósito: Carne y piel

Otra faceta convincente de la cría de conejos es la naturaleza de doble propósito de la producción de carne y piel. Además de proporcionar una carne tierna y sabrosa, el suave y denso pelaje de ciertas razas de conejos puede utilizarse para fabricar artículos de punto como guantes, rebecas y fieltros. Sin embargo, si la longitud del pelaje es demasiado corta, resulta imposible fabricar hilo. Esta doble funcionalidad se alinea con las prácticas sostenibles al maximizar el rendimiento de cada animal, reducir los residuos y apoyar los esfuerzos artesanales locales, eligiendo conejos aptos tanto para la producción de carne como de lana.

Rápido ciclo reproductivo

El rápido ciclo reproductivo de los conejos contribuye a su atractivo como fuente de carne. Una sola coneja (hembra de conejo) puede producir varias camadas de gazapos (crías de conejo) al año, lo que se traduce en un suministro constante de carne. Esta eficiencia reproductiva permite un ritmo de producción de carne sostenible y predecible, reduciendo el tiempo y los recursos necesarios para obtener una cosecha sustancial.

Menor impacto medioambiental

La cría de conejos encaja con las prácticas respetuosas con el medio ambiente debido a su reducida huella ecológica. En comparación con el ganado de mayor tamaño, los conejos consumen menos pienso, requieren espacios vitales más reducidos y generan menos emisiones de gases de efecto invernadero. Su eficiente consumo de recursos contribuye a los esfuerzos de conservación al minimizar el uso de agua y las necesidades de tierra.

Beneficios para la salud

La carne de conejo se considera una opción proteica saludable porque es una proteína baja en grasas y colesterol. Esto la convierte en una opción atractiva para las personas que desean mantener su peso y su salud cardiovascular. La carne magra de conejo tiene un alto contenido proteínico que favorece la salud muscular y mejora la función inmunológica y el bienestar general.

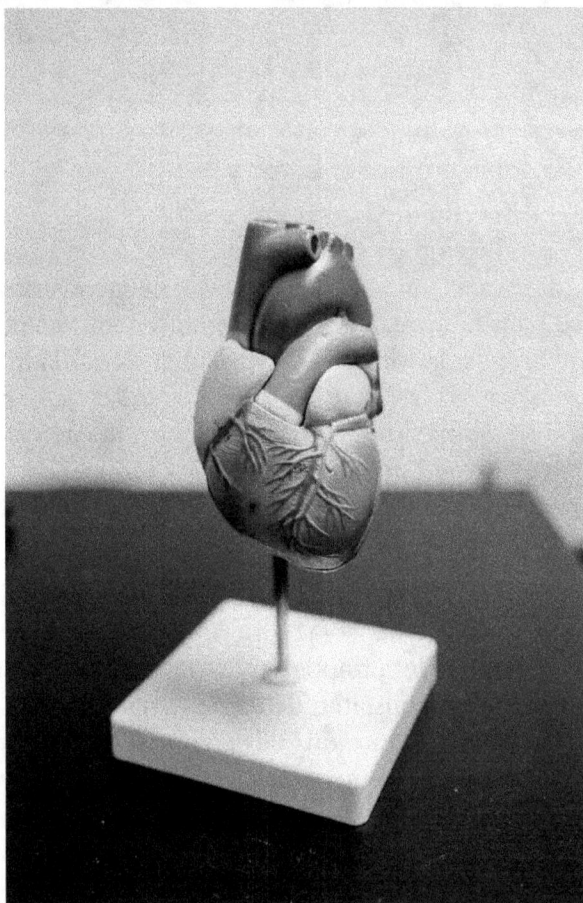

La carne de conejo es una elección óptima para las personas que aspiran a mantener su peso y su salud cardiovascular [3]

Carne rica en nutrientes

La carne de conejo es abundante en nutrientes esenciales que desempeñan papeles cruciales en el mantenimiento de los procesos metabólicos. Por ejemplo, la carne está repleta de vitaminas del grupo B, sobre todo B12, que es una sustancia vital necesaria para el metabolismo energético y la función nerviosa. Asimismo, el alto contenido de hierro, zinc y fósforo de la carne mejora el transporte de oxígeno en la sangre, el zinc favorece la salud del sistema inmunitario y el fósforo mejora la salud ósea y la función celular.

Viabilidad económica

La cría de conejos puede ser económicamente práctica, lo que la convierte en una opción accesible para quienes buscan producir su propia carne. Los conejos crecen con rapidez y convierten eficazmente el pienso en carne, lo que se traduce en un rendimiento proteínico relativamente alto a partir de una inversión modesta. Esta eficiencia contribuye a una producción de carne rentable.

Accesibilidad para los habitantes urbanos

La adaptabilidad de los conejos a los espacios reducidos los convierte en una opción viable para las zonas urbanas y suburbanas con una disponibilidad de terreno limitada. A diferencia del ganado de mayor tamaño, los conejos pueden prosperar en recintos más pequeños. Esta accesibilidad permite a los habitantes urbanos producir carne sin tener que poseer grandes extensiones de tierra.

Valor educativo

La cunicultura también ofrece una oportunidad educativa, sobre todo para los niños. Cuidar conejos enseña responsabilidad, empatía y habilidades prácticas. Los niños pueden aprender sobre el cuidado de los animales, sus ciclos vitales, biología y la importancia de tratarlos con amabilidad y respeto.

Consideraciones éticas

Para las personas que dan prioridad al trato ético de los animales, la cría de conejos se alinea con sus valores. El tamaño manejable de los conejos los hace menos intimidantes de manejar que el ganado de mayor tamaño. Esto puede conducir a una experiencia más humana y menos estresante al criar y sacrificar conejos para carne y pieles.

Menor uso de antibióticos

La cría de conejos en casa implica menos antibióticos que la producción comercial de carne a gran escala. Los conejos suelen ser animales resistentes con menos problemas de salud y, debido a su pequeño tamaño, reciben un cuidado más individualizado, lo que reduce la necesidad del uso rutinario de antibióticos.

Seguridad alimentaria local

La cría de conejos contribuye a la seguridad alimentaria local, garantizando un suministro constante de carne fresca en las comunidades. Esta producción localizada disminuye la dependencia de fuentes de alimentos lejanas durante las interrupciones del suministro del mercado local, ya que la mayoría de las especies de conejos se desarrollan bien en temperaturas extremas. Esta capacidad para sobrevivir en temperaturas frías y cálidas convierte a los conejos en una tremenda fuente alternativa de carne. Además, los conejos pueden adaptarse a diferentes terrenos, lo que facilita su cría allí donde vivan los humanos.

Programas de cría personalizados

La cría de conejos permite a los criadores adaptar sus programas de cría para alcanzar objetivos específicos, ya sea optimizar el rendimiento cárnico y la calidad de la piel o adaptarse a los climas locales. Esta personalización ofrece oportunidades para la experimentación y la innovación. Los programas de cría exitosos pueden conducir además al desarrollo de especies con mejores cualidades en cualquiera de estas áreas.

Diversificación de la granja

Para quienes persiguen un estilo de vida autosuficiente, los conejos pueden ser una valiosa adición a una granja diversificada. Integrar la cría de conejos con otras prácticas como la jardinería, las aves de corral y el ganado menor contribuye a una mayor variedad de recursos disponibles para el consumo personal.

Sostenibilidad práctica

Al ser una actividad agrícola tan práctica y simplificada, se establece una mayor conexión con la fuente de alimentos, lo que fomenta las prácticas sostenibles. Las personas se vuelven más conscientes de su consumo de alimentos y de los recursos necesarios para producirlos, fomentando una comprensión más profunda de la sostenibilidad.

Conexión con los ciclos naturales

Al dedicarse a la cría de conejos, se adquieren conocimientos sobre los ciclos naturales de la vida, la reproducción y la gestión responsable de los animales. Esta experiencia aumenta el conocimiento y la conciencia pertinentes de los procesos que sostienen la vida y un aprecio más profundo por el mundo natural.

Preservación de las razas heredadas

Otro aspecto positivo de la cría es la importantísima preservación de la diversidad genética y el patrimonio cultural de las razas cunícolas heredadas. Este apoyo a la biodiversidad salvaguarda razas únicas de la extinción y mantiene su importancia histórica.

Capacitación y resistencia

La cría de conejos capacita a los pequeños agricultores para tomar el control de sus fuentes de alimentos y ser más autosuficientes. Los pequeños agricultores pueden producir alimentos y depender menos de las cadenas de suministro externas mientras crían conejos. Este proceso contribuye exponencialmente al empoderamiento personal.

La decisión de considerar a los conejos como fuente de carne encarna un enfoque polifacético de la producción sostenible de alimentos. Su eficiente conversión alimenticia, sus mínimas necesidades de espacio, su naturaleza de doble propósito, su rápido ciclo de reproducción y su menor impacto medioambiental convergen para ofrecer una opción práctica y ética a las personas que buscan alimentarse a sí mismas al tiempo que priorizan la conservación y la autosuficiencia de forma responsable. Como alternativa a las fuentes de carne convencionales, los conejos ejemplifican cómo las decisiones conscientes en la producción de alimentos pueden contribuir a una relación más sostenible y armoniosa con el medio ambiente.

Afrontar los retos de la cría de conejos

Emprender el camino hacia la cría de carne de conejo conlleva algunos retos que requieren una atención cuidadosa y una gestión proactiva para garantizar el bienestar de los conejos y el éxito de su empresa. He aquí una exploración detallada de estos retos y cómo abordarlos:

Comenzar su viaje en el camino de la cría de carne de conejo tiene algunos desafíos que requieren una cuidadosa atención [4]

1. Alojamiento adecuado

En su hábitat natural, a los conejos les gusta cavar madrigueras subterráneas (túneles). Cuando se crían conejos en un espacio urbano o residencial, es crucial proporcionarles un alojamiento adecuado para su seguridad y comodidad. Los cobertizos o corrales deben proteger a los conejos de los depredadores, proporcionarles cobijo de las inclemencias del tiempo y ofrecerles una ventilación adecuada. Aislar el alojamiento ayuda a regular la temperatura, y una separación correcta entre los alambres evita lesiones. La limpieza regular es esencial para evitar la acumulación de desechos, que provoca problemas de salud y olores desagradables.

2. Salud y cuidados veterinarios

Mantener la salud de los conejos requiere un seguimiento regular. Los problemas de salud más comunes en los conejos incluyen problemas digestivos, dentales, infecciones respiratorias y ataques de parásitos externos. Además de realizar chequeos regulares usted mismo, es mejor recurrir a un veterinario certificado que pueda examinar a los conejos en busca de signos de enfermedad y cambios de comportamiento y anotar los cambios en la dieta y la calidad de las heces. Están muy bien entrenados para reconocer los síntomas y proporcionar atención médica inmediata para lograr los mejores resultados.

3. Satisfacer las necesidades dietéticas

Satisfacer las necesidades dietéticas de los conejos es vital para su bienestar. Su dieta debe consistir en heno de alta calidad como el timoteo o la hierba de los huertos, verduras frescas como las de hoja verde y las zanahorias, y pellets para conejos comercialmente equilibrados. Evite dar a los conejos alimentos ricos en azúcar o pobres en fibra, ya que pueden aumentar su toxicidad. Asegure el acceso a agua limpia y fresca en todo momento para prevenir la deshidratación.

4. Gestión de la reproducción

Aunque la capacidad reproductora de los conejos es ventajosa, debe gestionarse con cuidado. Una cría incontrolada puede provocar superpoblación, estrés y comprometer el bienestar de conejos y cuidadores. Ponga en marcha un plan de cría que pueda gestionar y controlar. Separe machos y hembras para evitar la cría involuntaria.

5. Necesidades sociales y de comportamiento

Los conejos son animales sociales que prosperan en compañía. Sin embargo, la introducción de conejos requiere un proceso gradual y supervisado para evitar agresiones. Alojar a los conejos solos puede provocarles soledad y problemas de comportamiento. Introduzca a los conejos en un territorio neutral, vigile las interacciones e inicialmente manténgalos separados para evitar conflictos.

6. Protección contra depredadores

Los conejos son animales de presa por naturaleza, lo que los hace vulnerables a los depredadores. Unos recintos seguros con vallas resistentes en función de la amenaza de depredadores, una separación adecuada entre los alambres de las vallas y unas barreras sólidas ayudan a disuadir a los depredadores. Considere la posibilidad de añadir más elementos disuasorios para los depredadores, como luces que se activen con el movimiento o dispositivos que hagan ruido.

7. Enriquecimiento ambiental

Los conejos son criaturas inteligentes y curiosas que necesitan estimulación mental y física.

La falta de enriquecimiento puede conducir al aburrimiento y a comportamientos no deseados. Si cría conejos en un espacio urbano, proporcióneles juguetes como cajas de cartón, cree túneles y juguetes masticables para mantenerlos ocupados. Ofrézcales escondites, plataformas y oportunidades de excavar para imitar sus comportamientos naturales.

8. Gestión de residuos

Una gestión adecuada de los desechos es crucial para mantener un entorno de vida saludable. Limpiar regularmente las zonas sucias, las jaulas y las conejeras y eliminar los desechos de forma responsable son algunos pasos básicos para la gestión de residuos. La incorporación de técnicas de gestión de residuos previene eficazmente el desarrollo de malos olores, reduce el riesgo de transmisión de enfermedades y desalienta las infestaciones de moscas u otras plagas.

9. Consideraciones climáticas

Las temperaturas extremas pueden afectar a la salud de los conejos. Asegúrese de que su alojamiento tiene la ventilación y el aislamiento adecuados para prevenir el estrés térmico o los problemas de salud relacionados con el frío. Ofrezca sombra cuando haga calor y calor cuando haga frío. Vigilar las previsiones meteorológicas y hacer los ajustes necesarios en su entorno vital es crucial.

Asegúrese de ofrecer a sus conejos sombra cuando haga calor y calor cuando haga frío [5]

10. Aprendizaje y adaptación

Criar conejos supone una curva de aprendizaje, especialmente para las personas no familiarizadas con la cría de animales. Lo mejor es informarse sobre los cuidados, el comportamiento y las necesidades de los conejos a través de libros, recursos en línea y consejos de propietarios experimentados. Esté abierto a adaptar sus prácticas en función de lo que funcione mejor para sus conejos, ya que cada especie de conejo puede tener preferencias y requisitos únicos. Del mismo modo, el espacio en el que los tenga también define sus requisitos individuales.

11. Prevención de parásitos

Inspeccione regularmente a sus conejos en busca de signos de infestación por parásitos externos. Observará que los conejos se rascan el pelaje debido a picores, pérdida de pelo o plagas visibles en su pelaje. Para prevenir los parásitos, mantenga siempre su espacio vital ventilado, seco y limpio. Cambie regularmente la ropa de cama, limpie los recintos y proporcióneles heno fresco. Si no está seguro, no dude en consultar a un veterinario para que le indique las medidas preventivas o los tratamientos adecuados en caso necesario.

12. Manipulación y socialización

Un manejo suave y positivo es crucial para el bienestar de los conejos. Cuando recoja a un conejo, sujétele los cuartos traseros para evitar lesiones. Pase tiempo cerca de ellos, ofreciéndoles golosinas y caricias suaves. Aumente gradualmente la interacción para ayudarles a acostumbrarse a su presencia y crear confianza.

13. Procedimientos de cuarentena

Cuando introduzca nuevos conejos en su grupo existente, aplique un período de cuarentena de unas dos a cuatro semanas. Esto minimiza el riesgo de introducir enfermedades. Mantenga separados a los nuevos conejos durante este tiempo y vigile de cerca su salud. Consulte a un veterinario para que le oriente sobre los procedimientos de cuarentena.

14. Observación del comportamiento

Compruebe regularmente el comportamiento de sus conejos para detectar cualquier cambio. Los conejos son expertos en ocultar signos de enfermedad, por lo que cualquier alteración en los hábitos alimentarios, niveles de actividad, acicalamiento o comportamiento podría indicar problemas de salud subyacentes. Atienda con prontitud cualquier cambio preocupante.

15. Seguridad frente a los productos químicos

A los conejos les gusta mordisquear cosas, así que asegúrese de que su entorno esté libre de sustancias y plantas tóxicas. Elimine cualquier producto químico, pesticida o material potencialmente dañino de su zona de vida para evitar una ingestión accidental.

16. Manejo del estrés

Los cambios repentinos o las perturbaciones pueden desencadenar estrés en los conejos. Puede minimizar el estrés en estas sensibles criaturas proporcionándoles un entorno estable, evitando los ruidos fuertes y los movimientos bruscos, manejándolos con suavidad y limitando la exposición prolongada a sonidos desconocidos.

17. Necesidades de acicalamiento

Los conejos de pelo largo, como los Angora, necesitan un acicalamiento regular para evitar que su pelaje se apelmace y se enrede. No satisfacer sus necesidades de acicalamiento les causará incomodidad y dará lugar a varios otros problemas de piel. Es crucial comprender que las necesidades de acicalamiento cambian ligeramente con cada especie de conejo. Reconocer y satisfacer estas necesidades de acicalamiento es su responsabilidad como cuidador. Los conejos de pelaje largo y espeso necesitarán más cuidados y atención que las razas de pelo corto.

18. Fomentar la confianza

Los conejos son inteligentes y pueden establecer vínculos con los humanos que los cuidan, pero requiere tiempo y paciencia. Para fomentar la confianza, intente pasar más tiempo cerca de su recinto y aliméntelos con sus aperitivos favoritos una vez al día. Puede ofrecerles golosinas o verduras frescas a mano para crear asociaciones positivas. Evite forzar la interacción y permita que se acerquen a usted a su propio ritmo.

19. Registros sanitarios

Mantenga registros sanitarios precisos de cada conejo. Documente su historial médico, tratamientos anteriores, datos de vacunación y cualquier problema de salud que padezcan. Estos registros son valiosos para hacer un seguimiento de su salud, discutir las preocupaciones con los veterinarios y tomar decisiones informadas sobre la cría y el cuidado.

20. Comunidad y recursos

Hablar con otros entusiastas de los conejos uniéndose a comunidades locales o en línea le beneficiará exponencialmente. Puede compartir sus experiencias, buscar consejo de veteranos en cunicultura y formarse con la experiencia de otros. Interactuar con propietarios de conejos experimentados sin duda le proporcionará valiosas ideas y apoyo.

21. Compromiso de tiempo

La cría de conejos requiere tiempo, dedicación y compromiso. Sus tareas diarias incluirán la alimentación, la limpieza de los recintos, el control de la salud y la interacción social. Prepárese para dedicar tiempo a su cuidado, ya que descuidar sus necesidades puede acarrear problemas de salud y escaso bienestar.

22. Preparación para emergencias

Esté siempre preparado para cualquier emergencia médica con un plan de acción factible. El plan puede incluir conocer los procedimientos de evacuación, prestar primeros auxilios y disponer de la información de contacto de un veterinario experto en el cuidado de conejos. Estar preparado asegura una respuesta rápida en situaciones críticas.

23. Consideraciones sobre el final de la vida

Comprender las necesidades de los conejos al final de su vida y actuar con humanidad y responsabilidad es crucial en cunicultura. Si un conejo sufre una enfermedad terminal o su salud se deteriora rápidamente, prepárese para tomar decisiones difíciles sobre la eutanasia en consulta con un veterinario. Tenga un plan para la eliminación adecuada y considere métodos respetuosos con el medio ambiente si es necesario.

Si tiene en cuenta estos puntos, estará bien preparado para afrontar los retos de la cunicultura en pequeña escala. Adoptar un enfoque proactivo e informado garantiza el bienestar de los conejos y promueve una experiencia positiva y satisfactoria tanto para el cuidador como para los propios conejos.

Imagine un método de producción de alimentos sostenible que cabe en su patio trasero, ofrece carne rica en nutrientes y le introduce en un mundo de compañía único. La cría de conejos para carne no es solo una empresa; es un viaje que le conecta con los ritmos de la naturaleza, alimenta su curiosidad y enriquece su comprensión de las fuentes éticas de alimentos.

Al iniciarse en la cría de conejos, se adentra en un mundo donde la eficiencia se une a la compasión. Descubra cómo estas pequeñas, simpáticas y peludas criaturas han causado sensación en la industria culinaria, gracias a su capacidad para convertir el pienso en proteínas de alta calidad con depósitos ricos en nutrientes. Explore la intrincada danza entre las prácticas sostenibles y la administración responsable mientras se embarca en un camino que trasciende los métodos tradicionales de producción de carne.

Imagínese creando espacios vitales a medida que proporcionen comodidad y seguridad a sus conejos, y sea testigo de la alegría de nutrir vidas que, a su vez, le nutren a usted. A medida que explore los detalles del diseño del alojamiento, el mantenimiento de la salud y las necesidades dietéticas, descubrirá las fascinantes complejidades del cuidado de los conejos. Cada reto al que se enfrente se convertirá en una oportunidad para profundizar en su conexión con estas criaturas y mejorar su calidad de vida.

Imagine la satisfacción de tomar el control de su fuente de alimento, sabiendo que la carne que llega a su mesa ha sido criada con cuidado e integridad. La cría de conejos no es solo una cuestión de sustento; es un enfoque holístico que incluye beneficios para la salud, consideraciones éticas y la satisfacción de formar parte de una comunidad de productores de alimentos responsables.

El mundo de la cunicultura le invita a explorar más allá de los confines del consumo tradicional de carne. Le anima a adoptar un estilo de vida práctico y sostenible que se alinea con los ritmos de la naturaleza. Tanto si es un principiante como un experimentado entusiasta, este viaje consiste en fomentar una profunda conexión con los animales que cría, el entorno que nutre y el sustento que obtiene de todo ello.

¿Le intriga saber más sobre el arte y la ciencia de criar conejos para carne? Sumérjase en el fascinante mundo de la producción responsable de alimentos, los cuidados compasivos y la vida sostenible. Descubra cómo el humilde conejo puede ser una fuente de deleite culinario y una profunda conexión con el mundo natural. Su viaje hacia la cría de conejos promete un tapiz de experiencias que enriquecerán su vida a la vez que contribuirán a un planeta más sano.

Capítulo 2: Elegir la raza adecuada para la producción

Saber qué raza de conejo elegir para su producción de carne es esencial. Si piensa dedicarse a ello comercialmente, puede convertirse en una empresa lucrativa y gratificante. Dado que no hay dos razas de conejos iguales por la diferencia de sus características, implica que su adaptabilidad, el tamaño de la camada, la tasa de crecimiento, la conversión alimenticia y la calidad de la carne que producen también diferirán. Por lo tanto, conocer la raza de conejos adecuada a sus necesidades y objetivos ganaderos e ir tras ella es esencial para tener éxito en la producción.

Este capítulo le ofrece las diferentes razas de conejos adecuadas para la producción de carne. Descubrirá los factores que hacen que estas razas de conejos sean adecuadas, junto con algunas razas de carne populares y sus necesidades únicas.

Distintas razas de conejos más adecuadas para la producción de carne

Blanco de Nueva Zelanda

El blanco de Nueva Zelanda es una conocida raza productora de carne [6]

El blanco de Nueva Zelanda es una raza conocida productora de carne. Crece muy rápido y su carne es sabrosa y suave. La cantidad de carne de un conejo blanco de Nueva Zelanda es superior a la de su hueso, y el sabor de la carne es excelente. El conejo Blanco de Nueva Zelanda tiene un gran tamaño de camada, es decir, de ocho a doce gazapos por camada de media, junto con un excepcional índice de conversión alimenticia y una rápida tasa de crecimiento. Estos rasgos hacen de la Blanca de Nueva Zelanda una raza eficaz y adecuada para la producción de carne.

En cuanto a su adaptabilidad, la Blanca de Nueva Zelanda puede criarse en diferentes climas y son muy fáciles de cuidar. Además, puede manejarlos fácilmente porque son obedientes, lo que los convierte en una buena opción para cualquiera que se inicie en la cunicultura.

La raza neozelandesa es sin duda la raza para la producción de carne debido a su rápida tasa de crecimiento, rendimiento y manejo en general.

Californiana

Otra raza muy conocida para la producción de carne, con un crecimiento de peso de ocho a 12 libras en 12 semanas, es la californiana. Esta raza es conocida por su carne tierna y sabrosa. Tiene una relación carne-hueso excepcional, muy buscada por restaurantes y carnicerías.

Además, el californiano crece rápidamente y su buen índice de conversión lo convierte en una raza eficaz para producir carne. El tamaño medio de la camada del californiano es de seis a ocho por camada, y su tasa de crecimiento es similar a la del blanco de Nueva Zelanda.

En cuanto a la capacidad de adaptación, puede criar fácilmente la raza californiana en cualquier clima y son fáciles de criar. La raza californiana tiene un carácter apacible. Es un cruce entre el conejo Blanco de Nueva Zelanda y el conejo Chinchilla.

Chinchilla americana

Debido a la popularidad de su carne y su piel, esta raza se denomina conejo de doble propósito. Con un peso superior a las 12 libras y un cuerpo fornido, se les considera uno de los mejores conejos de raza de carne del mundo. La gente favorece esta raza por su paletilla ancha y su lomo profundo superior, que se ven en varios platos ahumados y cocinados en todo el mundo. Debido a su popularidad, esta raza de conejo se considera en peligro de extinción.

Las chinchillas americanas son buenas madres y se sabe que dan a luz entre ocho y doce cachorros. Además, son muy amistosas, pesan entre nueve y doce libras y tienen una proporción carne-hueso excepcional.

Rex

El Rex se considera una raza popular para la producción de carne [7]

El Rex también se considera una raza popular para la producción de carne. Pesa entre 2 y 4 kilos y tiene una media de seis a 12 cachorros por camada. Esta raza puede adquirirse fácilmente en EE. UU. y es apreciada por su pelaje aterciopelado y su proporción carne-hueso. Sin embargo, la raza Rex tarda más en llegar a la mesa en comparación con el blanco de Nueva Zelanda.

Champagne D'Argent

La raza Champagne D'Argent está bien considerada en todo el mundo. Esta raza es conocida como el padrino de los conejos y ha sido fuente de carne desde 1631. La Champagne D'Argent debe su nombre a la ciudad de Champagne, en Francia, de donde es originaria. Un Champagne D'Argent maduro tiene un peso de nueve libras con una cantidad de hueso a carne fuera de lo común. Puede obtener tanto carne como pelo de una raza Champagne D'Argent.

Zorro plateado

El zorro plateado es conocido por su buena calidad de carne y pelaje entre los pequeños criadores. A los tres meses pueden alcanzar de 3 a 5 kilos. Suelen tener camadas medianas de entre siete y ocho cachorros. También son raros, ya que se consideran una raza en peligro de extinción. Las personas expertas en el curtido de pieles valoran mucho la impresionante piel de la raza del zorro plateado.

Conejos satén

La raza satén está considerada como una de las razas de conejo más pesadas y grandes, con un peso superior a las 12 libras cuando crece completamente. Este conejo produce una cantidad razonable de carne debido a su mayor tamaño corporal. Los satenes tienen un temperamento dócil y tranquilo. Son la raza ideal de conejos de carne para criar en su granja.

Conejos canela

Esta raza es un cruce entre el conejo de Nueva Zelanda y el conejo chinchilla americano. Aunque el propósito inicial de este conejo no era producir carne, con sus 11 libras de peso cuando está completamente maduro, es sin duda una raza a tener en cuenta para fines comerciales. El conejo canela es rojo, apreciado por su pelaje, y puede tenerse como mascota. Sin embargo, esta raza es difícil de encontrar.

Conejo Palomino

Los conejos Palomino son conocidos como conejos de carne desde hace décadas [8]

Esta raza es conocida como conejo de carne desde hace décadas, popular por producir carne tanto para fines de subsistencia como comerciales. Los conejos palomino pesan de 8 a 11 libras cuando maduran y tienen una excelente relación carne-hueso. El conejo palomino tiene un temperamento fácil de llevar, por lo que puede criarlos. No obstante, debe tener paciencia con ellos, ya que su proceso de crecimiento suele ser lento en comparación con otros conejos productores de carne.

Azul americano

El conejo azul americano puede darle tanto carne como pelo. Pesa de 9 a 12 libras y, al ser una madre excelente, tiene una media de 8 a 10 gazapos por camada. Lamentablemente, tiene un índice carne-hueso pobre como el Gigante de Flandes y es mejor cuando se cruza con otras razas como el Zorro Plateado, el Arlequín, el Rex o cualquier otra raza más pequeña.

Factores que hacen que una raza de conejo sea adecuada

Hay ciertos factores que deben comprobarse a la hora de elegir una raza adecuada para la producción de carne. Entre ellos están la tasa de crecimiento, los tamaños típicos de los adultos y los temperamentos en general.

Tasa de crecimiento

La tasa de crecimiento de una raza es vital a la hora de considerar una raza de conejos para su granja. Es clave porque un conejo de crecimiento rápido produce una cosecha temprana, lo que conduce a una producción regular de carne. Cuando se trate de tasas de crecimiento, tenga en cuenta la calidad del ganado reproductor. Elija conejos de líneas ahorradoras que puedan amortizarse rápidamente solo con el ahorro en pienso. Busque criadores con un buen historial y cómpreles a ellos. Recuerde buscar en otra parte si el criador con el que trata no puede decirle cuánto pesan sus gazapos a las ocho semanas.

Además, cuando elija conejos con una buena tasa de crecimiento, busque conejos con líneas de sangre de calidad para carne. Las buenas líneas de sangre cárnicas son razas de conejos seleccionadas a lo largo de generaciones por su tipo de cuerpo carnoso, su rápida tasa de crecimiento y su ahorratividad. La descendencia de estos conejos de crecimiento rápido también tiende a imitar estas grandes cualidades.

Además, opte por razas de conejos comerciales que tengan una estructura ósea fina. La descendencia de estas razas es conocida por ser de crecimiento rápido con una excelente relación carne-hueso, principalmente de un 60 a un 65 % de apresto. En la madurez, los adultos pesan de ocho a doce libras.

No cometa el error de añadir conejos de huesos grandes como los Gigantes Flamencos a su programa de cría para carne si busca una tasa de crecimiento más rápida. Si lo hace, lo más probable es que a las ocho semanas tenga un gazapo de 5 libras, que quizá no tenga mucha carne debido a su gran estructura. Como a los conejos les crecen los huesos antes que la carne, es posible que le dejen sin recursos a los cinco o seis meses de edad antes de desarrollar suficiente carne para justificar su sacrificio. Las razas neozelandesa y californiana son muy conocidas para la producción comercial por su rápida tasa de crecimiento y el tamaño de sus camadas. Por otro lado, las razas patrimoniales son adecuadas para la producción de carne en patios traseros y granjas pequeñas.

Tamaños típicos de los adultos

La mayoría de la gente suele creer que los conejos deben ser mascotas pequeñas. Debido a esta suposición, se sorprenden cuando el conejo bebé que traen a casa ¡se convierte en un conejo gigante del tamaño de un gato! Por ejemplo, el Holland Lop es una raza pequeña de conejo doméstico, pero a mucha gente le parece grande. Incluso los tamaños de las razas de conejo "enano" y "mini" pueden considerarse grandes para algunas personas, ya que pueden llegar a pesar hasta dos kilos.

El tamaño medio de los conejos adultos

El tamaño de los conejos varía en función de su raza y edad. Por lo tanto, aunque el conejo doméstico adulto de tamaño medio pesa dos kilos, no le ayuda a imaginar el tamaño que alcanzará su conejo de carne. Algunos conejos son grandes, mientras que otros son pequeños; infórmese bien antes de elegir su raza.

• Conejos pequeños

Los conejos pequeños comprenden sobre todo los conejos de raza mini y enana. El peso de estos conejos nunca superará los dos kilos. Sorprendentemente, esta categoría cuenta con el menor número de razas de conejos. La Asociación Americana de Criadores de Conejos (ARBA) reconoce 50 razas de conejos, de las cuales solo 11 están por debajo de la categoría de 5 libras de peso.

Estos conejos se consideran mascotas domésticas porque se crían por su pequeño tamaño.

Los conejos pequeños comprenden sobre todo los conejos de raza mini y enana'

• Conejos medianos

La mayoría de los conejos comúnmente conocidos pertenecen a la categoría de los medianos. El peso adulto de estos conejos ronda entre los dos y los tres kilos. Verá que la mayoría de los conejos pesan alrededor de cinco o seis libras, lo que es más bajo en comparación con el rango dado. Aunque los conejos medianos son más pequeños que otras razas de conejos, tienen un tamaño medio de dos a tres veces mayor de lo que la mayoría de la gente prevé para un conejo. Quince razas de conejos entran en esta categoría.

• Conejos grandes

Los conejos de la categoría grande tienen un tamaño adulto típico de ¡8 a 15 libras! La mayoría de estas razas grandes se crían principalmente como conejos productores de carne. Sin embargo, aunque la mayoría de las razas reconocidas por la ARBA son conejos grandes, son difíciles de conseguir.

Cómo saber el tamaño típico de su conejo cuando sea adulto

Si tiene un conejo bebé y está ansioso por saber cuánto crecerá, hay formas sencillas de estimarlo. Conocer el tamaño estimado le permitirá preparar espacio suficiente para cuando alcancen su tamaño adulto.

- **Tenga en cuenta su raza**

Una forma eficaz de estimar el tamaño adulto típico de su conejo es tener en cuenta su raza. Una tabla de razas de conejos en Internet le orientará sobre el rango de tamaño que puede esperar de su conejo si ya conoce su raza.

- **Considere su edad**

Si su conejo fue adoptado y es difícil saber la raza, aún puede estimar su tamaño típico de adulto basándose en su edad. Conocer la edad actual de su conejo le indicará su peso. Estos consejos le darán una estimación aproximada del tamaño adulto esperado de su conejo.

- Cuando su conejo tenga unos cuatro meses, probablemente tendrá la mitad de su tamaño adulto. Por ejemplo, si su conejo pequeño pesa actualmente tres libras, llegará a pesar alrededor de seis libras cuando sea adulto.

- Su conejo será probablemente ⅔ de su tamaño adulto cuando tenga más de seis a ocho meses. Por ejemplo, su conejo adoptado no tiene un año y ciertamente no es un bebé; crecerá un poco. Si su conejo pesa tres libras a esta edad, lo más probable es que su tamaño adulto ronde las 4,5 libras.

Temperamentos generales

Existen muchos conceptos erróneos sobre los conejos. La más común es que a los conejos les gusta que los cojan y los abracen por su aspecto de peluche. Por el contrario, los conejos se vuelven activos y afirman su personalidad cuando alcanzan la madurez sexual. Cuando alcanzan esa etapa, algunas personas se deshacen de ellos por falta de información sobre cómo criarlos.

Los conejos tienen personalidades muy variadas, incluso entre sus compañeros de camada. Pueden ser fogosos, tímidos, curiosos, amables y tontos, independientemente del tipo de raza o sexo. Muestran afecto subiéndose a su espalda, mordisqueando sus calcetines o sentándose cerca de usted. Algunos pueden llegar incluso a lamerle la cara o la mano. Incluso los conejos beligerantes pueden volverse afectuosos con usted cuando se les da espacio para florecer.

El acto de la esterilización puede eliminar muchos problemas de comportamiento y enfermedades en los conejos. En comparación con los conejos de mayor tamaño, los conejos pequeños y enanos son más activos que sus congéneres mayores. Debido a su ligereza, pueden saltar más alto que los de mayor tamaño. Un conejo esterilizado tiene una vida media de ocho a diez años, aunque tiende a superarla.

Durante su etapa adolescente, los conejos muestran comportamientos como morder, rociar, construir nidos, perder el adiestramiento doméstico, morder, comportamientos de cortejo y destructivos como dar vueltas y montar. Exhibir estos comportamientos no es señal de que algo vaya mal con su conejo; es un comportamiento típico del desarrollo. Consulte a un veterinario especializado para castrarlos.

Además, morder es la forma que tiene su conejo de transmitir mensajes de estar al mando o irritación, miedo, lujuria y curiosidad. Con un mordisco, los conejos se dicen unos a otros ¡que se quiten de en medio! No ofrezca la mano a su conejo como saludo o gesto juguetón. Su conejo podría interpretarlo como una intrusión o una amenaza.

Razas populares de carne, sus necesidades especiales y consideraciones

- **Blanco de Nueva Zelanda**

Características físicas

El blanco de Nueva Zelanda es el más popular entre las diversas variedades de las razas neozelandesas. Tiene un color blanco puro con ojos de color rosa brillante. Los blancos de Nueva Zelanda tienen mejillas redondas, caras musculosas y cuerpos esbeltos y bien redondeados. Tienen músculos pectorales pequeños y cortos y patas traseras grandes y largas. Su peso corporal medio es de hasta 11 lb.

Alojamiento

Los conejos blancos de Nueva Zelanda se crían mejor en interiores para protegerlos del clima extremo y de los depredadores. No aloje a sus conejos en zonas poco frecuentadas, ya que los conejos son animales sociales y disfrutan de la compañía. Utilice un corral que tenga cuatro veces la longitud de su conejo cuando se estire. Para dar a su conejo un espacio mayor, utilice corrales para perros, que son más grandes en comparación con las jaulas comerciales para conejos, insuficientes para albergarlos. Durante al menos cinco horas al día, dé a sus conejos la libertad de salir de su jaula. Así podrán permanecer en una habitación sin corral o deambular libremente por su casa.

Procure que el espacio asignado a sus conejos sea a prueba de conejos. Los Blancos de Nueva Zelanda tienen una tendencia natural a masticar y escarbar, lo que puede dañar bienes como cortinas, cordones, alfombras, muebles y moqueta. Asegúrese también de que los cables eléctricos estén fuera de su alcance.

Alimentación

Los blancos de Nueva Zelanda necesitan mucho heno fresco y agua. Utilice henos como el Timothy u otros pastos mixtos. Asegúrese de dar todos los días a su conejo verduras frescas de hoja verde. Suministre al menos un cuarto de taza de verduras por cada libra de peso corporal. Algunas de las verduras que necesita un conejo blanco de Nueva Zelanda son las puntas de zanahoria, la lechuga roja bok choy y el diente de león verde.

Además, puede utilizar hierbas como perejil, menta, cilantro y albahaca para alimentar a su conejo. Las verduras sin hojas se consideran inseguras para su conejo, así que absténgase de alimentarlo con ellas. Alimente menos a sus conejos blancos de Nueva Zelanda con zanahorias debido a su alto nivel de azúcar. Consulte a su veterinario si no está seguro de qué alimento dar a sus conejos.

Además, puede utilizar pellets de la tienda para complementar la dieta de sus Blancos de Nueva Zelanda. Un pellet de Timothy con un contenido de fibra del 18% sería suficiente para un conejo adulto. Sin embargo, los pellets deben constituir una pequeña parte de su dieta, y nunca debe superar la cantidad indicada en el envase del pellet.

Puede dar a su conejo pequeñas cantidades de fruta como peras, bayas, melón y manzanas: una cucharada por cada tres libras de peso corporal.

Cría

La cría del conejo blanco de Nueva Zelanda es sencilla. Una coneja se vuelve fértil entre las 8 y las 12 semanas de edad y puede criarse entre los cinco y los ocho meses. Son fértiles durante todo el año y tienen un periodo de gestación de 28 a 35 días. Sin embargo, la mayoría de los partos tienen lugar a los 31 o 32 días.

Cuidados

Cuidar a sus conejos les mantendrá sanos y les animará a ser productivos.

Usos

El uso principal del New Zelanda White es la producción de carne. Son de crecimiento rápido y sus crías (alevines) se sacrifican a los dos meses de edad. Su pelaje se utiliza para fabricar adornos de piel en la industria de la moda. Aparte de su producción de carne y piel, el Blanco de Nueva Zelanda se utiliza para la cunicultura comercial y para criarlo como animal de compañía.

Personalidad

Los conejos de raza Blanca de Nueva Zelanda son extrovertidos y tranquilos. Conviven bien tanto con humanos como con otros conejos, por lo que son sociables. Son una buena opción como mascotas porque pueden manejarse más fácilmente que otras razas más pequeñas. Asegúrese de vigilar cuando haya niños y otras mascotas cerca de sus conejos. Los movimientos bruscos y los ruidos fuertes los estresan con facilidad. Cuando no están castrados, actúan de forma territorial.

• Conejos californianos

Los conejos californianos se crían por su pelaje o su carne y son adecuados como animales de compañía [10]

Los conejos californianos se encuentran entre los más criados comercialmente en EE. UU. Suelen criarse por su pelaje o por su carne y son adecuados como animales de compañía.

Características físicas

La raza californiana tiene un cuerpo bien redondeado y compacto y es de gran tamaño.

El conejo californiano es similar en color al himalayo, tiene las puntas coloreadas con el cuerpo blanco. Sus orejas son grandes y se mantienen erguidas. Tienen una marca marrón en la cola, las patas, las orejas y la nariz. Los conejos californianos tienen los ojos rosados y el cuello muy corto. Tienen los hombros llenos y son muy musculosos. También tienen un pelaje sedoso y suave.

El californiano adulto pesa una media de 12 libras.

Alojamiento

Los conejos californianos pueden vivir en casa o fuera de ella. Cuando elija una jaula, asegúrese de que sea ancha y larga, con espacio suficiente para saltar y brincar. Los mantendrá más sanos y felices.

Es normal que los conejos muerdan su jaula. Por eso es prudente asegurarse de que los materiales de la jaula no puedan ser rotos fácilmente por su conejo. Una jaula con un marco de metal, un fondo de plástico o una barra de metal con alambre rodeando los lados puede limpiarse fácilmente y evitará que el conejo destroce su hogar. Si su jaula tiene un diseño totalmente de alambre, asegúrese de que haya un lugar de descanso para que su conejo no se haga daño en las patas al sentarse en la base de alambre. Una zona de anidamiento integrada en la jaula serviría, ya que ayudaría a los conejos a evitar el contacto con la base de la jaula.

Alimentación

Los conejos californianos requieren una dieta con vitaminas A, D y E y fibra. Necesitan suficientes grasas y proteínas. Las hembras preñadas o lactantes y los conejos en crecimiento necesitan más proteínas que los conejos maduros.

Puede alimentar a sus conejos con agua fresca, heno de fleo en abundancia y un poco de pienso en pellets para proporcionarles los nutrientes necesarios. Un conejo californiano maduro necesita media taza de pellets al día.

Alimente a sus conejos con muchas verduras de hoja y pequeñas cantidades de carbohidratos. Algunos alimentos que puede utilizar son la achicoria, las manzanas, la pera, la col rizada, los pimientos verdes, las bayas, el brécol, el bok choy, etc.

Absténgase de dar a sus conejos californianos alimentos ricos en calorías, semillas o frutos secos, cereales, galletas y pan. Si debe dar zanahorias a su conejo, hágalo en pequeñas cantidades, ya que demasiadas zanahorias pueden causarles daño.

Cría

La coneja californiana puede criar sin ayuda humana. Este conejo tiene un periodo de gestación de 28 a 31 días. Una coneja puede parir de dos a ocho gazapos a la vez.

Cuidados

Cuidar de su conejo es vital, sobre todo si se dedica a la cunicultura comercial. Asegúrese de que la madre gestante y el macho reproductor están sanos. Revíselos regularmente y recurra siempre a los servicios de un buen veterinario mientras los cuida.

Usos

El conejo californiano se utiliza tanto por su valor peletero como para la producción de carne. Es una raza excelente para dedicarse a la producción comercial de conejos. Además, puede criarlos como conejos de exposición o como animales de compañía.

Personalidad

Los conejos californianos tienen una personalidad dócil y pueden manejarse fácilmente.

- ### Gigante flamenco

El gigante flamenco es la raza más grande del mundo y una de las más antiguas. Esta raza es adaptable, mansa y se cría por su carne y su pelaje.

Características físicas

Aparte de ser una de las razas más grandes del mundo, sus cuerpos son largos, con un lomo ancho y unos cuartos traseros sólidos, carnosos y bien redondeados. Aunque fuertes y musculosas, sus patas son de longitud media. Sus orejas son grandes y están colocadas en forma de V sobre la cabeza. La cabeza del Gigante de Flandes macho es más ancha e imponente que la de la hembra.

Los gigantes flamencos tienen una capa interna densa y un pelo liso de longitud media con un brillo resplandeciente. Existen muchas variedades en todo el mundo. Según la ARBA, existen siete variedades de color: Blanco, Arena, Gris claro, Gris acero, Leonado, Negro y Azul.

Los gigantes flamencos tienen un peso corporal de hasta 22 lb. Sin embargo, el peso mínimo estándar para un macho adulto es de unas 13 lb., mientras que una hembra adulta ronda las 14 lb.

Alojamiento

Debido a su tamaño, diseñe una jaula con un recinto más grande. El tamaño mínimo para su jaula es de 3 x 4 pies. Las jaulas más pequeñas les causarían estrés debido a su tamaño.

Alimentación

Como no comen en exceso, alimentarlos con pellets especiales comercializados debería bastar. Además, puede darles de comer col, zanahorias, patatas, perejil, piña, fresas, maíz, etc. Introduzca estos alimentos de uno en uno hasta que su sistema digestivo se acostumbre a ellos.

Por cada dos kilos de peso, los gigantes flamencos deben recibir de dos a cuatro tazas de verdura al día. Ponga agua fresca en su jaula a diario.

Cría

Las hembras de gigante flamenco de ocho meses tienen edad suficiente para parir a partir del día 31. El tamaño medio de sus camadas es de 5 a 12 por camada. Al ser una raza antigua de conejo domesticado, a los gigantes flamencos les resulta difícil criar con conejos salvajes debido a las diferencias en sus respectivos cromosomas.

Cuidados

Los gigantes flamencos son mansos, obedientes y pueden adaptarse a cualquier hogar. Aunque pueden considerarse mascotas, debe tenerse precaución cuando haya niños cerca de ellos porque muerden cuando se sienten amenazados o molestos.

Usos

El conejo gigante flamenco es muy conocido como animal de compañía. Además, son adecuados para la producción de carne y pelo. Esta raza es también un popular animal de exposición.

Personalidad

Aunque su aspecto y su gran tamaño pueden despistar, son gigantes gentiles. Les encanta recibir atención y son muy amistosos. Son criaturas pacíficas y ansían una vida tranquila. Esto no significa que pueda mangonearlos. Pueden arañarle o morderle si les maltrata.

Aunque desalentadora, la elección de la raza de conejos adecuada para la producción de carne es una experiencia maravillosa. Ahora ya conoce las razas adecuadas para la producción de carne y cómo obtener lo mejor de ellas. Disfrute de su viaje hacia la cría de la próxima fuente de carne del mundo.

Capítulo 3: Crear un entorno saludable

Los conejos son animales frágiles pero activos. Necesitan mantenerse sanos y cómodos. Si es nuevo en la cunicultura, hay términos que necesitará conocer. En primer lugar, la cunicultura también puede llamarse "cunicultura". La cunicultura le permite criar conejos domésticos como fuente de carne, pelo o ambos. Para criar con éxito este ganado, debe crear un espacio sano y seguro donde puedan alimentarse, respirar, anidar y reproducirse. La cría de conejos es una actividad poco complicada que requiere muy pocos materiales y recursos. Los conejos comen casi cualquier cosa nutritiva. Así que, si está entusiasmado y entusiasmada por iniciar este fructífero viaje, este capítulo le proporciona los pasos a seguir.

Descubrirá el secreto para criar sus conejos y hacerlo de forma brillante. También descubrirá el espacio necesario para la puesta en marcha, los materiales adecuados y la mejor ubicación para la cría, y aprenderá a crear y mantener un entorno higiénico. Aparte de estos elementos, también se tratarán otros factores, como la protección de sus conejos frente a los depredadores y las enfermedades.

¿Qué necesitan los conejos para tener un hogar confortable?

Los conejos necesitan espacio suficiente para saltar, brincar o correr. Pueden llegar a ser muy activos, por lo que hay que dejarles espacio para cavar, así como protección contra los depredadores y los cambios climáticos extremos. El espacio debe estar bien ventilado, completamente seco y libre de humedad. Un entorno sucio provoca enfermedades y malestar. También hay que tener en cuenta la altura de ese espacio. No querrá que sus orejas o su cabeza toquen el techo cuando estén de pie. Puede utilizar materiales específicos para construir una zona eficazmente protegida y fresca para ellos. Los conejos necesitan un lugar donde esconderse si perciben la presencia de presas, por ejemplo, serpientes, perros, zorros, pájaros carpinteros y gatos.

Los conejos necesitan espacio suficiente para saltar, brincar o correr [11]

Para ello, cree algunos huecos acogedores en la habitación de los conejos por donde puedan escapar cuando se asusten. Los conejos pueden aburrirse fácilmente y sufrir si se les deja en el mismo lugar durante demasiado tiempo. Por ello, debe proporcionarles ejercicio con regularidad. Quizá se pregunte en qué consiste esto. Basta con dejarles salir de sus habitaciones a un espacio protegido donde puedan saltar y brincar libremente. Otro elemento vital es la zona de la cama. Los conejos pueden adaptarse fácilmente a una temperatura fría, pero eso puede llevarles tiempo si nunca antes han estado expuestos a ella. Mientras tanto, proporciónveles heno o paja sin polvo, que también es seguro para comer si deciden tomar un tentempié en cualquier momento.

Selección de los materiales adecuados para la conejera

Una conejera es una zona de nidificación construida específicamente para criar conejos. Como cunicultor, seleccionar los materiales adecuados para construir una conejera ayuda a promover un entorno saludable para el crecimiento de su conejo. Hay muchos elementos para conseguir el espacio, el tamaño y el diseño perfectos para la cría de sus conejos.

Tamaño de la conejera

Su conejera debe ser lo más grande posible. El tamaño mínimo para un área de cría de conejos no debe ser inferior a 12 pies cuadrados. Puede añadir espacio adicional con fines de ejercicio. La conejera debe diseñarse de forma que los espacios para la cama y el ejercicio estén juntos en un mismo lugar, de modo que no tenga que moverlos para que descansen, se alimenten, hagan ejercicio o excreten. En cuanto al espacio mínimo de una conejera, asegúrese de que sea de tres a cuatro veces el tamaño del conejo. También debe tener en cuenta el número de conejos que albergará.

Cuanto mayor sea el número, mayor será el espacio necesario. Por tanto, piense en la ampliación y en el futuro a la hora de planificar.

Ubicación de la conejera

La conejera puede estar tanto en el interior como en el exterior. Mire por su casa y busque zonas de armarios o alcobas sin utilizar para transformarlas en alojamiento para conejos. Asegúrese de calcular el número máximo de conejos que puede contener la conejera prevista.

Materiales de diseño

Debe buscar materiales masticables y no tóxicos cuando construya su alojamiento para conejos. A los conejos les gusta estar ocupados, especialmente con la boca, por lo que debe asegurarse de que cualquier material que se encuentre a su alcance sea al menos masticable sin causarles daño. Hay muchas opciones en las que puede fijarse cuando considere una casa decente para sus conejos.

- **Madera:** Pruebe con el pino o la madera contrachapada, que son comunes y preferibles para viviendas exteriores. Incluso cuando se ingieren, son inofensivas en comparación con el MDF, que es tóxico. Hay otras texturas de madera que puede utilizar. Por ejemplo, los listones pueden servir para cubrir los bordes de la casa, que suelen ser masticados por los conejitos. Por ejemplo, pruebe con un rodapié.

- **Plásticos:** Los plásticos son difíciles de evitarse. Una buena opción sería utilizar láminas de polipropileno, pero no es masticable. Si aún está al principio de la construcción, es preferible utilizar poco o nada de plástico para el alojamiento, ya que, al romperse, puede volverse punzante.

- **Una malla de alambres:** Para aumentar la estética, debe añadir malla. La malla no tiene por qué ser totalmente de alambre; puede acabar con algo tan sencillo como alambre de gallinero o, preferiblemente, una malla recubierta de polvo o plástico. Estos últimos no son tóxicos cuando se secan, vienen en diferentes colores y tienen buen aspecto. Puede colocarla dentro del marco de puertas y ventanas para que se ajuste mejor y evite que la mastique.

- **El suelo:** Elegir un suelo adecuado que le facilite la limpieza es su mejor opción. Los suelos duros son una opción mucho mejor, por ejemplo, los suelos de seguridad o el linóleo. Ambos son baratos y fáciles de instalar. Un suelo de seguridad tiene una textura mucho más dura que un linóleo estándar. Los encontrará sobre todo en las salas de espera de los veterinarios. Para colocarlo, aplique un adhesivo para suelos o una cinta de doble cara y colóquelo encima. Para terminar, puede aplicar un sellador alrededor de los bordes para crear el acabado perfecto. Las baldosas también son una buena opción. La única pega es que deberá evitar las baldosas brillantes y resbaladizas para que a sus conejos les resulte fácil moverse. Estos suelos deben ser fáciles de limpiar.

Determinar el espacio adecuado para cada conejo

Puede planificar muchos elementos para incluir en su recinto para conejos, pero es fácil pasar por alto la planificación del espacio. Es fácil cuando se planifica para un conejo, pero decidir para más no siempre es tan sencillo. Puede calcular mal el espacio y acabar metiendo a los pobres conejos en un espacio demasiado pequeño. El espacio mínimo necesario para un conejo depende de muchos factores:

- Tipos de raza
- Tamaño del conejo
- Peso del conejo

Calcule el tamaño de la jaula multiplicando la longitud y la anchura de la misma. Recuerde que todas las comodidades del interior de la jaula, incluidos el bebedero y la bandeja de comida, deben restarse del resultado. Si proporciona a sus conejos el espacio doméstico adecuado, tendrá la garantía de que crecerán y se desarrollarán saludablemente.

¿Cuánto espacio de casa necesitan los conejos?

La casa debe ser cómoda y fácil de recorrer. Sin embargo, el tamaño de los conejos varía, lo que debe tenerse en cuenta al planificar el tamaño de la vivienda. También varían de peso. Por ejemplo, los enanos holandeses pesan solo dos libras, frente a los gigantes flamencos de 15 libras. Asegúrese de tener en cuenta este factor. Si su conejo está aún en su fase inicial de crecimiento, deberá ajustar sus cálculos a su posible tamaño adulto. Si no está seguro de su tamaño final, puede esperar a que crezca antes de optar por una ampliación del recinto.

- Longitud mínima de la conejera

La forma mejor y más fácil de determinar la longitud de salto de su conejo es tomando una medida a partir de la nariz hasta los dedos de los pies cuando están estirados, y multiplicando esta longitud por tres. Esto le dará la longitud mínima del recinto. Por ejemplo, supongamos que mide un conejo pequeño de tres libras mientras está tumbado en el suelo y que mide 12 pulgadas; 12 pulgadas multiplicadas por tres le darían 36 pulgadas. Esto da como resultado un recinto de 3 a 4 pies de longitud, que debería ser el mínimo. Nunca debe ser más pequeño que esto porque el conejo solo crece y se alarga. Se sentirán apretados si no amplía el recinto con el tiempo.

- Altura mínima de la conejera

Así como hay que calcular la longitud de la casa de su conejo, también hay que hacerlo con la altura. No querrá crear un compartimento en el que puedan acabar haciéndose daño en la cabeza al saltar. Cuando no hay espacio suficiente para que se mantengan en pie, pueden desarrollar una deformidad de la columna vertebral. En el peor de los casos, pueden perder la flexibilidad de la columna vertebral, un riesgo mucho mayor para ellos. Dar a sus conejos al menos 2 o 3 pies de espacio vertical es tan vital como el espacio horizontal.

- Anchura mínima

La anchura debe ser igual de ancha que la longitud, incluso más, para evitar cualquier estrechez. Para medirla, tendrá que añadir unos centímetros más a la longitud ya medida de su conejo, según los ejemplos anteriores. He aquí otro ejemplo de cómo aplicar esto. Suponiendo que la longitud de su conejo sea de 14 pulgadas o 16 pulgadas como máximo, necesitaría proporcionarle suficiente espacio de maniobra que debería ser de unos 4×2 pies, lo que resulta en ocho pies cuadrados para su conejo.

Dar a sus conejos espacio suficiente para multiplicarse

¿Está pensando en aumentar la población de sus conejos? Entonces, necesitará poner algunos elementos más, como más espacio para camas, suministro de comida y más espacio para hacer ejercicio. Pensar en más espacio puede parecer abrumador, pero tendrá que empezar por algún sitio. Por ejemplo, el incremento de espacio puede depender del tamaño y peso de sus conejos. Por eso, tener un corralito es una mejor apuesta, ya que le ahorraría el estrés de una ampliación inmediata del alojamiento. Un corralito puede albergar a dos conejos de peso y tamaño muy reducidos en comparación con razas más grandes y pesadas. En este caso, necesita una ampliación lo antes posible. Los conejos crecen en un abrir y cerrar de ojos.

Los conejos crecen en un abrir y cerrar de ojos [12]

No existe una pauta específica para saber el momento o el cálculo adecuado para ampliar su alojamiento, pero es vital comprender que cada coneja hembra puede parir de cuatro a ocho conejitos. Cuando llegue a este estado, es posible que tenga que desalojar su habitación familiar para que todos puedan sentirse como en casa y felices. La siguiente pregunta sería: "¿Cómo puedo ampliar eventualmente el alojamiento?". Para empezar, debe tener un pequeño recinto suficiente para al menos un conejo. Después, puede empezar a ampliar los recintos. Si antes no tenía una casa para conejos, entonces le resultará aún más fácil. Lo único que tendrá que hacer es seguir las pautas anteriores. Esto le proporcionará los metros cuadrados perfectos para un espacio saludable. Si este no es su caso, no se preocupe. Aún puede ampliar el espacio para obtener el resultado deseado. He aquí cómo hacerlo:

- **Amplíe el recinto:** En primer lugar, debe ampliar el tamaño de su recinto. Para ello, puede acoplar otros compartimentos, por ejemplo, un corral de ejercicios. Puede probarlo incluso sin cambiar por completo su hogar.

- **Aproveche los espacios bajo los muebles:** Si vive en una casa o apartamento pequeño, puede utilizar el espacio bajo sus muebles para el recinto del conejo, creando más espacio vertical para compensar la pequeña longitud de la zona. Un buen ejemplo de mueble a utilizar sería debajo de su mesa de comedor.

- **Más espacio vertical:** Si es probable que sus conejos salten y brinquen con frecuencia, entonces sería prudente crear más plataformas verticales para darles más espacio para moverse.

- **Deambular libremente:** No necesitará contener a su conejo durante más tiempo si considera que está suficientemente adiestrado. Puede sellar todas las salidas para evitar que se escapen y dejar que se muevan un poco.

Crear espacio para la alimentación, el nido y la gestión de residuos

El hogar de un conejo es su entorno. Es mucho más que el lugar donde come, duerme o hace ejercicio. Cualquier lugar y cualquier cosa a la que pueda acceder puede clasificarse como entorno hogareño. Como ya se ha dicho, también contiene las comodidades necesarias para su supervivencia, como lecho, bandejas para la comida, heno o paja. Debe haber una ventilación adecuada y protección contra los depredadores. Un hogar adecuado para conejos en reposo debe contener al menos un 50% de lo siguiente:

- Comida y agua sin interrupciones.

- Un lugar para descansar y estar cómodo.

- Un lugar para hacer ejercicio y explorar con seguridad.

- Un lugar para esconderse cuando se asuste.

- Un espacio para masticar lo que sea y cuando sea.

- Un lugar de escape para relacionarse con los compañeros.

- Un lugar para resguardarse de cualquier cambio de temperatura.

El área de descanso de un conejo puede ampliarse a diferentes segmentos. Como ya se ha mencionado, uno sería una habitación cubierta y oscura para dormir lejos del ruido y el otro para comer y relajarse. Todos los espacios deben estar secos y libres de humedad para evitar una mala ventilación.

Alojamiento y gestión de residuos

¿Cuál es una zona de aseo adecuada para sus conejos? Los conejos necesitan tener acceso a un lugar de aseo regular. Para ello, puede proporcionarles bandejas forradas de paja, heno o periódicos. La boca de un conejo está constantemente ocupada con la comida, por lo que puede estar seguro de que expulsarán muchos desechos. Asegúrese de que la zona de aseo está separada de la zona de dormir. El heno y las bandejas utilizadas en las zonas de aseo no deben ser de material tóxico. Además, es esencial hacer un buen uso del alambre para el alojamiento y aplicar suelos sólidos para una limpieza fácil y regular.

La zona de la cama debe contar con un aislante adicional para los climas más fríos. No es aconsejable utilizar estanterías de madera como material de cama, y la zona de ejercicio no puede pasarse por alto. Aún quedan elementos por mencionar. Por ejemplo:

- Los conejos deben tener acceso a un lugar para correr a diario.
- La zona de ejercicio debe contener espacios elevados para saltar. Este espacio debe estar al aire libre.
- Debe estar suficientemente asegurado para evitar la entrada de depredadores.
- Si es posible, puede cambiarse de lugar de vez en cuando para evitar que escarben o pacen en exceso.
- Proporcione una cubierta o sombra para los días ventosos o lluviosos.
- Debe haber espacio suficiente para que todos los conejos puedan estar juntos o solos en un mismo lugar.

Consejos y estrategias para el mantenimiento de la conejera

Limpieza

- La higiene es necesaria para la salud de sus conejos. Usted desea mantener el estado y el entorno en el que viven para prevenir enfermedades o dolencias. He aquí algunos factores que pueden ayudarle:

- La zona donde duermen los conejos debe limpiarse a fondo a diario. Para ello, retire las estanterías o zonas de cama húmedas o sucias y retire la comida estropeada o vieja.

- Toda la zona de estar, interior y exterior, debe limpiarse al menos una vez a la semana. Esto debe hacerse para mantener un entorno limpio e higiénico para sus conejos.

- Si es posible, utilice un desinfectante suave apto para mascotas. Al igual que un conejo es frágil físicamente, su inmunidad es igual de frágil.

Regulación de la temperatura

- La mayoría de los conejos sanos se aclimatan a un entorno exterior. Pueden soportar cualquier diferencia de temperatura siempre que se les proporcione una buena alimentación nutritiva y un buen alojamiento.

- Los conejos acostumbrados a un alojamiento interior no deben colocarse repentinamente en el exterior cuando hace frío. Si quiere que su conejo se mantenga vivo durante el invierno, debe exponerlo antes gradualmente al interior.

- Los conejos viejos o muy jóvenes nunca deben salir al exterior porque no pueden tolerar grandes diferencias de temperatura de golpe.

- Ciertas temperaturas siguen considerándose excesivas incluso para un conejo adulto sano, por ejemplo, 20 grados Fahrenheit.

Crear un entorno de vida adecuado y saludable para sus conejos requiere estudio y medidas. Si desea criar una conejera con fines domésticos, debe tener en cuenta ciertos factores. La cría de conejos puede ser lo suficientemente fructífera como para proporcionar unos ingresos rentables y llenos de recursos a un granjero. También es una buena fuente de carne proteica de calidad. El arte de criar conejos para carne se conoce como cunicultura y, para empezar a criar, necesita una buena ubicación con una buena fuente de pastos, preferiblemente lejos de una zona residencial, pero lo suficientemente cerca de un entorno comercial. No tiene por qué empezar a gran escala. Puede empezar poco a poco y aumentar gradualmente su número a partir de ahí.

Elija un lugar con un transporte adecuado cerca. Aparte de esto, sus conejos deben gozar de buena salud, por lo que es necesario crear suficiente espacio para el crecimiento y el ejercicio, donde se pueda regular fácilmente el cambio de temperatura. Con todo esto en su sitio, estará bien encaminado hacia un negocio de cunicultura rentable.

Capítulo 4: Comprender las necesidades nutricionales de sus conejos

Si se ha adentrado en la madriguera del conejo buscando el plan de alimentación perfecto para sus conejos, es probable que ahora también esté confuso y un poco perdido. Algunas personas afirman que las verduras y los vegetales son todo lo que los conejos necesitan para sobrevivir, mientras que otras desaconsejan alimentar a los conejos con demasiadas cosas verdes. Luego están las personas que juran por la alimentación con pellets y consideran que los pellets son la única respuesta al sustento de los conejos. El heno también se considera una fuente de alimento adecuada para sus conejos. Todas estas opiniones y opciones bastan para que cualquiera se sienta confuso.

En medio de esta sobrecarga nutricional, usted se encuentra desempeñando el papel de detective de la dieta de los conejos, calculando cuidadosamente el equilibrio perfecto de verduras, pellets y heno. Sin embargo, la cuestión es que no existe un plan de alimentación perfecto que se adapte a las necesidades de todos los conejos, aunque sí hay una selección general de alimentos nutritivos que puede seguir. Aunque cada conejo tiene sus propias preferencias, algunas opciones dietéticas son preferibles a otras para los conejos de carne.

Tipos de pienso para conejos

Cuando piense en qué dar de comer a sus conejos, es buena idea que tenga en cuenta sus conocimientos. Supongamos que no es un experto en nutrición o que no quiere sumergirse en los entresijos de la formulación de raciones. En ese caso, puede seguir un camino sencillo. Empiece con pellets comerciales para conejos, ya que son una comida estándar fiable. A medida que se sienta más cómodo, puede probar las otras opciones de alimentación. Recuerde que, cuando se trata de alimentar a sus conejos, hacer los deberes es imprescindible. No asuma que porque los conejos silvestres comen hierba, sus conejos de carne pueden sobrevivir con el mismo menú. No les dé de comer cualquier cosa porque algunos vegetales pueden ser muy tóxicos para ellos.

Por otra parte, el coste de la comida para conejos sigue subiendo (y no hay señales de que vaya a disminuir pronto), lo que puede hacer que la idea de cultivar su propia comida para conejos suene atractiva. Sin embargo, inténtelo solo si puede ser constante con el proceso. De lo contrario, no será más que un montón de desperdicios.

Aunque cada conejo tiene sus propias preferencias, algunas opciones de dieta son preferibles a otras para los conejos de carne [18]

1. Pellets

Si busca una opción rápida, fácil y equilibrada, opte por los pellets orgánicos o no orgánicos de buena calidad, ya que son una apuesta segura.

Si alguna vez ha pensado en hacer su propia comida para conejos desde cero, le advertimos de que no es tan sencillo como parece, dados todos los diferentes factores que debe tener en cuenta. Si busca una vía sin complicaciones, los pellets son la solución. Con el tiempo, podrá introducir gradualmente alimentos frescos en la mezcla. De este modo, podría incluso ahorrar algo de dinero mezclando los pellets con malas hierbas o añadiendo verduras extra de su jardín. Si desea criar a sus conejitos con una dieta basada principalmente en verduras frescas, asegúrese de que la raza que elija puede soportar este tipo de dieta. Otra posibilidad es que se ponga en contacto con alguien que ya esté criando conejos y adore sus comidas de hoja. Los pellets son como la comida soñada de un conejo porque están perfectamente formulados y equilibrados para satisfacer todas sus necesidades nutricionales. Es un festín hecho a medida de vitaminas y minerales esenciales, todo diseñado para mantener a los conejos sanos y felices.

Alternativas al pienso en gránulos

También puede alimentar a los conejos con lo que cultive en su jardín o recoja de los pastos. La alegría de saber que está proporcionando algo enteramente cultivado en casa puede ser muy satisfactoria. Sin embargo, es esencial asegurarse de que sus conejos reciben una dieta completa para su bienestar. Dada la creciente fascinación por alejarse de los piensos en pellets y la tendencia a elegir alimentos naturales y de cosecha propia para sus conejos de carne, he aquí algunas alternativas de alimentación adecuadas para ellos:

1. Heno

Los conejos necesitan un alto contenido en fibra en la mayor parte de su dieta. Esto puede satisfacerse alimentándolos con heno. El ingrediente básico de sus comidas debe ser el heno de hierba de calidad. Busque un heno que esté limpio, libre de polvo y moho, y que tenga suficientes proteínas para mantener sus sistemas funcionando sin problemas. El heno de hierba es la mejor elección. Está repleto de fibra, que hace maravillas para su digestión. Asegúrese de evitar el heno de alfalfa puro, aunque mucha gente piense lo contrario. Por ejemplo, la alfalfa no es hierba; es una leguminosa con la que se alimenta a los animales para aumentar su ingesta de proteínas. Aunque la proteína vegetal se considera buena para los conejos, la alfalfa contiene un exceso de calcio, lo que no es favorable para sus conejos. De hecho, puede dar lugar a una orina concentrada que provoque cálculos renales, algo que usted desea evitar bajo cualquier circunstancia. También puede probar otras opciones de heno, como la hierba Timothy o el heno de caballo de alta calidad. Si desea utilizar alfalfa, puede combinarla con hierba para equilibrar los nutrientes. La hierba de avena es una buena opción para esto, que se puede encontrar fácilmente en las tiendas de suministros de piensos para caballos.

2. Verdes

La mayoría de los dibujos animados muestran a conejos comiendo zanahorias y otras verduras, pero ¿sabía que muchas de estas verduras no son buenas para sus conejos? De hecho, hay algunas verduras de las que debería mantenerse alejado. Por ejemplo, la lechuga Iceberg, aunque a los conejos les encanta comerla, es, de hecho, tóxica para ellos. Es demasiado acuosa y puede provocarles malestar estomacal y deposiciones desordenadas. En su lugar, opte por verduras de hoja verde y oscura como la col rizada y la lechuga de hoja. Estas rebosan vitamina A y otros nutrientes. Un consejo para recordar es que una vez que las verduras empiezan a parecer viejas, pueden convertirse en un desastre fermentativo. Limítese a las frescas y ofrezca solo lo que su conejito pueda terminar en unos 15 minutos. Otras verduras adecuadas para sus conejos son las hojas de rábano, las hojas de girasol, las hojas y raíces de remolacha, las hojas de zanahoria, el eneldo, la menta, la consuelda y otras. Estas son las verduras que sus conejos pueden comer con gusto.

3. Golosinas

Las golosinas como las zanahorias, la fruta y los alimentos ricos en almidón están repletas de azúcar. Siempre debe dar estas golosinas en cantidades muy pequeñas. ¿Por qué la precaución? Bueno, los altos niveles de azúcar pueden alterar la salud intestinal de su conejo y causarle problemas digestivos.

4. Advertencias sobre la comida para conejos

Debe saber que los conejos salvajes pueden masticar casi cualquier cosa. Sin embargo, sus conejos domésticos, o incluso los conejos criados para carne, no pueden hacer lo mismo. Pertenecen a especies diferentes. Aunque tienen algunas preferencias alimentarias comunes, no comen necesariamente las mismas cosas. Cuando los conejos salvajes están fuera de casa, mordisquean el forraje fresco allí donde crece. Pero no es lo mismo cuando se trata de sus conejos domésticos. Verter un montón de restos vegetales de restaurante en sus corrales no es una buena idea.

Aunque su conejo sea herbívoro, es una medida que acabará lamentando. En primer lugar, no obtendrán la nutrición adecuada y, en segundo lugar, esos restos acabarán marchitándose y fermentando en el suelo del corral, atrayendo moscas y causando un desastre. Y esos recortes de jardín que había pensado darles son demasiado delicados y ya habrán empezado a marchitarse cuando lleguen al cuenco de su conejito. Recuerde, lo que funciona para los conejos salvajes no siempre es apto para sus congéneres domésticos.

5. Heno de alfalfa y avena arrollada

Una idea sencilla de pienso alternativo es utilizar una mezcla de heno de alfalfa y avena arrollada. A los conejos les suele encantar esta combinación y la prefieren al heno normal. Sin embargo, como ya se ha comentado, el heno de alfalfa tiene una cantidad considerable de proteínas y calcio. Por lo tanto, si decide optar por la alfalfa, debe combinarla con avena arrollada para que sus conejos reciban algo más de fósforo, que ayuda a equilibrar los altos niveles de calcio de la alfalfa.

6. Avena y/o cebada

Considere la avena y/o la cebada como una opción sólida. Hacen maravillas, sobre todo para los cachorros en crecimiento que acaban de empezar a explorar el mundo de la alimentación más allá de la leche. Para los pequeños recién destetados, estos granos son suaves para sus estómagos y fáciles de digerir. Una buena opción es mantener un cuenco separado de avena dentro de la jaula para las crías. Al elegir las categorías de avena y cebada, opte por las opciones sin cortar y sin enrollar, ya que son las más adecuadas para los principiantes.

7. Semillas de girasol con aceite negro

Encontrará estas semillas en la sección de piensos para pájaros, y aunque se suelen utilizar para alimentar a las aves, también funcionan como magia en el pelaje de los conejos. Si quiere dar a sus conejos un aspecto deslumbrante, considere la posibilidad de darles una cucharadita de BOSS cada día.

8. Alfalfa o cubitos de heno

En lugar de dar a sus conejos heno en bruto, pruebe los cubos de heno. Estos pequeños bloques comprimidos están hechos de alfalfa o heno. No son simples cubitos, sino que están infusionados con melaza y empaquetados apretadamente. Son como una golosina masticable que sus conejos pueden roer, y eso es importante porque los dientes de los conejos nunca dejan de crecer. Puede encontrar bolsas de estos cubos en una tienda de piensos para conejos, o si prefiere los más grandes, siempre puede dirigirse a la tienda o sección de piensos para caballos. Estos últimos le resultarán más económicos y también son útiles para la salud dental de su conejo.

9. Maná para terneros

Esto es algo que destaca entre la multitud. *Calf Manna* no es solo un nombre; es una marca de suplemento que hace maravillas. Está especialmente elaborado para potenciar la producción de leche en diversos animales. Si tiene una coneja preñada o lactante, darle un par de cucharaditas de *Calf Manna* cada día puede suponer una gran diferencia. Es especialmente bueno para las conejas de razas de carne que suelen tener camadas bastante numerosas. Asegurándose de que su coneja mamá recibe su Maná para terneros, la estará ayudando a proporcionar suficiente leche a sus gazapos y asegurándose de que se mantiene en plena forma durante el embarazo y la lactancia. Este inteligente movimiento podría incluso permitirle criarla antes para otra ronda de gazapos.

10. Fruta seca o fresca

Tanto las variedades de fruta seca como fresca son estupendas para los conejos. Estas coloridas golosinas pueden añadir un poco de emoción a la dieta de su conejo. Sin embargo, aunque son un agradable capricho ocasional, es importante no abusar. Además, muchas de estas frutas tratan problemas específicos. Por ejemplo, las piñas pueden ayudar si su conejo sufre un ataque de "bloqueo de pelo". Esto ocurre cuando los conejos ingieren demasiado de su propio pelaje, provocando un bloqueo en su sistema digestivo. Y luego está la papaya: no solo es sabrosa, sino que también puede tener un propósito práctico. Si nota que la orina de su conejo tiene un olor fuerte, la papaya puede ayudar a reducirlo.

11. Hierbas, recortes de césped y de arbustos

Algunos piensos naturales para sus conejos incluyen malas hierbas, recortes de césped y recortes de arbustos. En realidad, éstos pueden ser muy útiles para sus conejos. La verdura no solo incluye las hortalizas con las que puede alimentar a sus conejos, sino también la hierba, las malas hierbas, los recortes de césped e incluso las hojas. Solo asegúrese de que están en la lista de alimentos seguros. Algunas de las buenas opciones de plantas silvestres son la consuelda, la pamplina, el perejil de vaca, los muelles, la espadaña, el diente de león, el llantén, la bolsa de pastor, el cardo cerda y el berro. Puede consultar una lista segura en Internet.

Los dientes de león son como un caramelo para los conejos: les gustan tanto que puede que usted se convierta en agricultor de dientes de león en su propio jardín. La hierba recién cortada es otra ganadora a sus ojos. Mucha gente instala una pequeña zona de juegos para conejos con vallas de alambre o utiliza una jaula para perros para dejar que sus conejos deambulen y mordisqueen estas golosinas naturales mientras ordenan sus espacios vitales. Es una situación en la que todos salen ganando, pero extreme las precauciones para asegurarse de que no hay malas hierbas tóxicas a su alcance.

Desglose de nutrientes

La dieta de su conejo debe tener una combinación de nutrientes para garantizar que pueda crecer de la forma más eficaz.

• Hidratos de carbono

Piense en ellos como potenciadores de la energía. Los conejos pueden equilibrar su propia dieta - masticarán más si su nivel de energía es bajo y menos si es alto, pero demasiada energía (léase: carbohidratos) puede en realidad ralentizar su digestión. Así pues, vaya con cuidado y encuentre el equilibrio adecuado.

• Fibra

La fibra es la mejor amiga del conejo. Los conejos salvajes comen montones de ella, y aunque los conejos jóvenes necesitan un poco menos, sigue siendo superimportante. Cuando alimente a sus conejos adultos, lo mejor es que su comida contenga al menos un 25% de fibra. Así que busque los que tengan mayor contenido en fibra.

• Minerales

Los alimentos para conejos comentados anteriormente suelen contener todos los minerales necesarios para una dieta sana, excepto el cobalto. Es el componente que falta y que usted debe suplir de otra forma.

• Vitaminas

Sus conejos tienen algunas bacterias amigas en sus intestinos: el complejo vitamínico B y la vitamina C, lo que también significa que necesitan obtener las vitaminas A, D y E de su dieta. Por tanto, asegúrese de que estas vitaminas están incluidas en su mezcla de pellets.

Tenga en cuenta que la moderación es la clave. No se exceda con la comida. Alimente a sus conejos unas dos veces al día para mantener su ingesta equilibrada. Sin embargo, manténgase alejado de los alimentos fermentados y agrios, ya que pueden crear problemas. Si prefiere utilizar comida en pellets para sus conejos, vigile su peso porque pueden engordar demasiado rápido, algo que querrá evitar.

Equilibrar la dieta

Los conejos tienen necesidades dietéticas únicas, y conseguir el equilibrio adecuado de nutrientes es vital para que sigan prosperando. La mejor forma de conseguirlo es combinar las distintas fuentes de alimento. Puede empezar con piensos para conejos producidos comercialmente, es decir, pellets. Estos piensos especialmente formulados son una mina de oro nutricional diseñada para satisfacer las necesidades dietéticas de sus conejos. Aunque la idea de elaborar su propia mezcla es tentadora, se trata de una especie de cuerda floja nutricional, y encontrar ese equilibrio perfecto puede ser todo un reto. Por eso, apoyarse en la experiencia de los piensos comerciales es una elección inteligente.

Los conejos tienen necesidades dietéticas únicas, y conseguir el equilibrio adecuado de nutrientes es clave para que sigan prosperando[14]

Luego están las proteínas, un elemento clave en la dieta de su conejo. Los piensos comerciales suelen ofrecer niveles de proteína que oscilan entre el 14 y el 18 por ciento. Para los conejos criados con vistas a la producción de carne, una dieta rica en proteínas (alrededor del 16 al 18 por ciento) puede ser un acelerador del crecimiento. Mantenga el pienso fresco y seco para evitar el crecimiento indeseado de moho. La circulación de aire debe ser adecuada, y asegúrese de no dejar el pienso abierto y accesible a roedores furtivos. Manténgalo protegido en recipientes a prueba de mordiscos.

Además, debe incorporar heno a la dieta de su conejo, ya que no solo complementa su alimentación, sino que le mantiene ocupado y le ayuda a mantener su salud dental. Hay una gran variedad de tipos de heno entre los que elegir; su elección debe ajustarse a las necesidades dietéticas de sus conejos. Por ejemplo, si les suministra pellets bajos en proteínas, considere equilibrarlo con heno de alfalfa alto en proteínas.

Pautas de alimentación

La cantidad de alimento que necesitan sus conejos no es algo único. Cada conejo tiene necesidades nutricionales diferentes, especialmente cuando se caracteriza por ser joven o adulto. También depende de las condiciones de vida del conejo la cantidad de comida que debe dársele. Por ejemplo, cuando hace frío, necesitan un poco más de comida, mientras que en verano se les puede dar menos.

También puede decidir cuánta comida dar a sus conejos vigilando su peso. Si parecen demasiado flacos, necesitan más comida, y viceversa. Es prudente vigilar sus raciones cuando se trata de conejos adultos que no están criando. El objetivo es evitar conejos regordetes: demasiada esponjosidad puede perjudicar su fertilidad y convertirlos en teleadictos. Por término medio, los conejos adultos mastican unas cuatro onzas de comida al día. Si tiene conejos pequeños, necesitarán unas ocho onzas para seguir el ritmo de la crianza.

Para las razas carnosas, la ración de comida oscila entre 1/2 y 1 taza diaria, pero varía de un conejo a otro, igual que sus propias preferencias alimentarias. Ahora bien, aquí es donde entra el debate. Las conejas preñadas o lactantes y los gazapos en crecimiento pueden disfrutar del lujo de la alimentación libre, y los criadores asentirán con la cabeza o compartirán cejas levantadas. Más proteínas se traducen a menudo en un crecimiento más rápido y en conejos más grandes, pero la cuestión de la alimentación libre es un acto de equilibrio.

Qué hacer si un conejo deja de comer

Cuando el apetito de su conejo da un rodeo, su primer instinto puede ser ofrecerle algunas golosinas familiares o verduras que haya disfrutado en el pasado. Parece una solución rápida para que vuelvan a mordisquear. Sin embargo, estas golosinas a veces pueden avivar el fuego, provocando problemas en su sistema digestivo y dando lugar a deposiciones blandas. En su lugar, debe utilizar un enfoque diferente. Ofrézcales una ración de heno de hierba bueno y limpio, ya que es como un bálsamo calmante para sus estómagos revueltos. Otra opción en el menú es la avena arrollada, una opción rica en fibra que es suave para el tracto digestivo y una delicia para sus papilas gustativas.

Hablando de lo esencial, no olvide el suministro de agua. Los conejos necesitan agua fresca y limpia. Eche un vistazo rápido a la botella de agua o al conducto de agua para eliminar cualquier obstrucción. Los conejos pueden ser un poco quisquillosos, y no son de los que esperan para beber. Sin agua, pueden deshidratarse rápidamente, y eso no es bueno para su apetito. Si su conejo sigue sin comer, compruebe sus excrementos. Si parecen un poco líquidas, su dieta necesita más alimento rico en fibra.

En conclusión, la dieta de un conejo controla muchas cosas, especialmente cuando los cría para carne. Este equilibrio dietético no consiste solo en llenar barrigas. Es un requisito para su crecimiento y su capacidad de cría. Piense en ello como un delicado equilibrio en el que la mezcla adecuada de nutrientes alimenta su desarrollo, asegurando que esos jóvenes cachorros alcancen todo su potencial. Y no se trata solo de las ganancias físicas. La dieta del conejo puede influir en su comportamiento, en sus niveles de energía e incluso en su capacidad reproductora. Tenga en cuenta que siempre que retoque el menú de sus conejos, hágalo despacio. Los cambios rápidos pueden acarrear problemas, y usted definitivamente no quiere eso. Recuerde darles mucha agua -no solo un sorbo- ya que la necesitan en abundancia.

Capítulo 5: Prevenir y tratar los problemas de salud

Los conejos pueden desarrollar problemas de salud, enfermedades y trastornos con la misma facilidad que cualquier otro animal. Al criar conejos para carne, cuidar de que su grupo de conejitos esté sano y próspero forma parte del trato. Conocer las enfermedades y trastornos más comunes puede facilitar el tratamiento de estos problemas de salud y evitar que se repitan. Este capítulo ofrece una visión general de las enfermedades comunes que pueden desarrollar los conejos, pautas para su prevención, protocolos de tratamiento y todo lo que necesita saber para mantenerlos sanos.

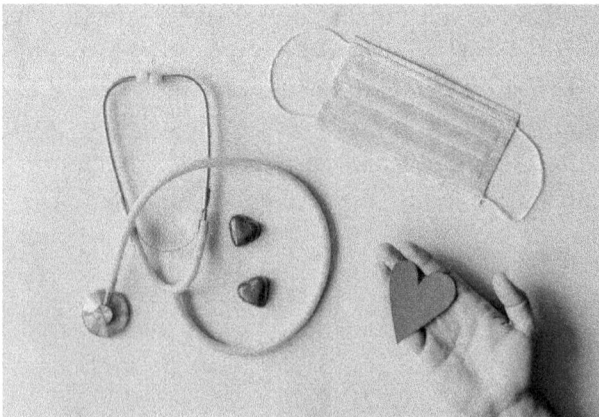

Al criar conejos para carne, cuidar de que su grupo de conejitos esté sano y próspero forma parte del trato [15]

Problemas de salud comunes de los conejos

Un conejo puede vivir y reproducirse durante al menos ocho años si se le alimenta y cuida adecuadamente. Sin embargo, hay varias enfermedades comunes que los conejos pueden desarrollar a medida que envejecen. He aquí algunas afecciones comunes con las que debe familiarizarse.

Infecciones de las vías respiratorias

A diferencia de los humanos, los conejos solo pueden respirar por la nariz. Como la nariz es el único orificio de los conejos para respirar, los microorganismos transportados por el aire y las sustancias químicas nocivas pueden entrar fácilmente e infectar el sistema respiratorio. Aunque disponen de un sistema inmunitario capaz de rechazar los organismos nocivos y descomponer las sustancias químicas tóxicas, una exposición grave o prolongada puede acabar provocando una infección.

Los conejos con enfermedades respiratorias estornudarán repetidamente y su respiración será dificultosa. Estos signos se asocian a infecciones de las vías respiratorias altas. También se producen infecciones de las vías respiratorias bajas, en las que puede oírse un sonido sibilante añadido cuando se escucha de cerca.

Estasis GI (estasis gastrointestinal)

La estasis GI se produce cuando el sistema digestivo de un conejo deja de funcionar o se ralentiza, interrumpiendo el movimiento normal de la comida y los desechos a través del intestino. Esto puede deberse a una dieta pobre en fibra, deshidratación, estrés u otros problemas de salud subyacentes. Sin un movimiento adecuado de los alimentos, el intestino se compacta y provoca una dolorosa acumulación de gases, hinchazón y malestar. Los síntomas incluyen una reducción del apetito, bolitas fecales más pequeñas o inexistentes, letargo, una postura encorvada y, a veces, un vientre visiblemente distendido. La estasis gastrointestinal puede ser grave e incluso mortal si no se atiende con prontitud. Esté atento a los cambios en el apetito. Una disminución repentina de la ingesta o la reticencia a comer heno y verduras frescas puede ser una señal.

Las dos medidas fundamentales que debe vigilar son la monitorización de la producción fecal, buscando bolitas fecales más pequeñas, en menor cantidad o de forma anormal, y la observación de la postura. Una postura encorvada o sentarse en posición estirada es un signo de GI.

Problemas dentales

Los dientes de los conejos crecen continuamente y, si se desalinean o crecen en exceso, pueden provocar diversos problemas dentales. Unos dientes demasiado grandes pueden causar dolor, lesiones en las mejillas y la lengua, dificultad para comer y pérdida de peso. Los espolones dentales, puntas afiladas que se desarrollan en los dientes, también pueden causar molestias. Estos problemas suelen derivarse de la genética o de una dieta inadecuada carente de fibra suficiente para desgastar los dientes de forma natural. Si su conejo deja caer la comida, mastica con un lado de la boca o evita ciertos alimentos, podría indicar problemas dentales. Asimismo, una salivación excesiva puede ser señal de dolor bucal.

Infecciones respiratorias

Las infecciones respiratorias están causadas por bacterias como la *Pasteurella multocida*. Los síntomas son secreción nasal, estornudos, tos, respiración dificultosa y conjuntivitis (inflamación del revestimiento del ojo). El estrés, la mala ventilación y las condiciones de vida hacinadas pueden aumentar la probabilidad de problemas respiratorios. Durante los controles periódicos, observe el patrón respiratorio de su conejo. Una respiración rápida, dificultosa o ruidosa puede indicar un problema respiratorio. En caso de infección respiratoria, también observará secreciones claras o turbias por la nariz.

Pasteurelosis

La pasteurelosis está causada por la bacteria *Pasteurella multocida*. A menudo se manifiesta como una infección de las vías respiratorias altas con síntomas como estornudos, secreción nasal y secreción ocular. Sin embargo, también puede dar lugar a afecciones más graves como abscesos (hinchazones localizadas llenas de pus), sobre todo alrededor de la zona de la cabeza y el cuello. Los conejos con sistemas inmunitarios debilitados son más susceptibles a la pasteurelosis. Compruebe siempre si hay hinchazones alrededor de la región de la cabeza y el cuello que puedan indicar la presencia de abscesos.

Ácaros del oído

Los ácaros de las orejas son diminutos parásitos que infestan las orejas de los conejos, causándoles irritación, picor e inflamación. Los conejos con ácaros del oído pueden rascarse excesivamente las orejas, inclinar la cabeza y mostrar signos de incomodidad. Si no se tratan, las infestaciones por ácaros del oído pueden provocar infecciones bacterianas secundarias y hematomas auriculares (hinchazón llena de sangre en el pabellón de la oreja). Compruebe regularmente si los conejos se rascan las orejas, si presentan enrojecimiento e hinchazón alrededor de la zona que cubre las orejas.

Mixomatosis

La mixomatosis es una enfermedad vírica que suele propagarse por picaduras de insectos. Provoca hinchazón y secreciones alrededor de los ojos, las orejas y los genitales. El virus debilita el sistema inmunitario del conejo, dejándolo vulnerable a infecciones bacterianas secundarias. La enfermedad progresa rápidamente y puede ser mortal en una o dos semanas. Preste atención a la hinchazón facial, ya que los ojos, las orejas y la cara hinchados son signos característicos. Además, esté atento a las secreciones acuosas o con pus de los ojos, la nariz o los genitales.

Enfermedad hemorrágica del conejo (RHD)

La RHD es una enfermedad vírica muy contagiosa que afecta principalmente al hígado y a los vasos sanguíneos. Puede provocar la muerte súbita o hemorragias internas, causando secreciones sanguinolentas por la nariz, la boca o el recto. Existen diferentes cepas de RHD y su gravedad puede variar. Esta enfermedad supone un riesgo importante para los conejos no vacunados. Esté atento a la muerte súbita, ya que los conejos afectados por la RHD pueden morir repentinamente sin signos de enfermedad. También debe buscar hemorragias por la nariz, la boca o el recto, y si observa secreciones sanguinolentas, busque inmediatamente ayuda veterinaria.

Infección por E. cuniculi

El *Encephalitozoon cuniculi* es un microorganismo que causa problemas neurológicos en los conejos. Suele afectar al cerebro y los riñones. Los conejos infectados mostrarán síntomas como cabeza ladeada, convulsiones, incoordinación y problemas urinarios. La infección puede ser difícil de tratar, dando lugar a problemas de salud más crónicos. En caso de infección, habrá inclinación persistente de la cabeza o movimientos en círculos y dificultad para caminar.

Tumores uterinos

Las conejas hembras que no han sido esterilizadas corren el riesgo de desarrollar tumores uterinos, en particular adenocarcinomas. Estos tumores provocan desequilibrios hormonales, infecciones uterinas y dolor. Esterilizar a las conejas hembras a una edad temprana reducirá significativamente el riesgo de problemas uterinos. La hinchazón de la zona abdominal y el rechinar de dientes son algunos signos comunes que indican problemas uterinos en las hembras de conejo.

Afecciones cutáneas

Los conejos pueden desarrollar diversos problemas cutáneos, como los ácaros del pelaje, que provocan picores y caída del pelo. La tiña, una infección por hongos, provoca zonas circulares de pérdida de pelo e inflamación de la piel. Los abscesos son hinchazones llenas de pus que aparecen en cualquier parte del cuerpo y suelen estar causados por infecciones bacterianas. La pérdida de zonas de pelo y el rascado frecuente indican la posibilidad de una infección cutánea subyacente.

Obesidad

La sobrealimentación y una dieta rica en carbohidratos conducen a la obesidad. La obesidad puede provocar problemas articulares, dificultades respiratorias y una menor calidad de vida. Es esencial vigilar la dieta del conejo y proporcionarle muchas oportunidades de hacer ejercicio. Evalúe regularmente la forma corporal y el peso de su conejo. Los conejos con sobrepeso suelen tener un aspecto redondeado y abultado.

Consejos sobre cuidados preventivos

Los cuidados preventivos son esenciales para mantener sanos a los conejos y minimizar el riesgo de enfermedades comunes. He aquí algunos consejos vitales para proporcionar los mejores cuidados preventivos a su conejo.

Dieta adecuada

Sus conejos deben recibir alimentos frescos, higiénicos y de calidad, compatibles con sus estómagos. Algunas recomendaciones son

Heno

Los conejos deben tener acceso a hierba de alta calidad en todo momento. Los tipos de heno más adecuados para los conejos son el Timothy, el de pradera y el de huerta. La fibra esencial del heno favorece la salud al ayudar a los conejos a digerir mejor los alimentos.

Los conejos deben tener acceso a hierba de alta calidad en todo momento [16]

Verduras frescas

Ofrezca diariamente una variedad de verduras frescas aptas para conejos, como verduras de hoja verde (col rizada, lechuga romana, perejil) y cantidades limitadas de otras verduras como zanahorias y pimientos.

Pellets limitados

Aunque puede encontrar diversas variedades de pellets en el mercado, estas paletas nunca pueden utilizarse para sustituir a otros alimentos. Puede alimentar a los conejos con paletas ricas en fibra y bajas en calcio en cantidades limitadas.

Agua

Los conejos deben tener siempre acceso a agua fresca y limpia en todo momento. No mantener el agua limpia aumenta las posibilidades de enfermedades transmisibles en la madriguera.

Ejercicio regular

Permita que sus conejos tengan acceso seguro a un espacio más amplio para ejercitarse y explorar, como una habitación a prueba de conejos o un corral de ejercicio. Puede proporcionarles juguetes como cajas de cartón, túneles y juguetes masticables seguros para mantener a sus conejos mental y físicamente activos.

Condiciones higiénicas de alojamiento

Limpie regularmente el espacio vital de su conejo para evitar la acumulación de desechos y microorganismos nocivos. Un entorno limpio favorece la buena salud y previene el desarrollo y la transmisión de enfermedades. Sorprendentemente, sus conejos también pueden aprender a hacer sus necesidades, lo que facilita la limpieza. Dependiendo de la raza, los conejos pueden necesitar cepillados regulares para evitar la estera y eliminar el pelo suelto. Las especies de conejos de pelaje largo requerirán un cepillado diario, mientras que los conejos de pelo corto no necesitan mucha atención. Por último, al menos una vez al mes, recorte las uñas de su conejo para evitar el crecimiento excesivo y las molestias. Tenga cuidado de no cortarlas nunca por debajo de la raja.

Revisiones veterinarias regulares

Busque un veterinario con experiencia en conejos y programe revisiones regulares para detectar a tiempo cualquier problema de salud. Mantenga al día las vacunas, incluidas las de la enfermedad hemorrágica del conejo (EHC) y la mixomatosis.

A prueba de conejos

Haga que su casa sea segura asegurando los cables, retirando las plantas tóxicas y bloqueando el acceso a las zonas peligrosas.

Interacción social

Los conejos son animales sociales. Dedique tiempo a interactuar con su conejo a diario para proporcionarle estimulación mental y compañía.

Control del peso

Controle el peso y la condición corporal de sus conejos para prevenir la obesidad. Ajuste su dieta y su rutina de ejercicios en consecuencia.

Evite el estrés

Reduzca al mínimo los factores estresantes como los cambios bruscos de entorno, los ruidos fuertes o el manejo agresivo.

Prevención de parásitos

Siga las recomendaciones de su veterinario para prevenir parásitos externos como pulgas y ácaros.

Cuarentena para nuevas incorporaciones

Si va a introducir un nuevo conejo, póngalo en cuarentena durante unas semanas antes de presentarlo a su(s) conejo(s) existente(s) para prevenir una posible transmisión de enfermedades.

Recuerde que los conejos tienen necesidades únicas, y es importante mantenerse informado y educado sobre su cuidado. Proporcionarles un estilo de vida equilibrado con una dieta adecuada, ejercicio, higiene y atención médica contribuirá en gran medida a garantizar la salud y felicidad de su conejo.

Buscar atención

Saber cuándo buscar ayuda veterinaria profesional es crucial para su bienestar. Si nota algún comportamiento inusual, síntomas o cambios en el estado de su conejo, lo mejor es consultar a un veterinario con experiencia en el cuidado de conejos. He aquí algunas pautas sobre cuándo buscar ayuda veterinaria y los tipos de tratamientos que pueden ser necesarios.

Situaciones de emergencia

Busque ayuda veterinaria inmediata si observa alguna de las siguientes situaciones:

- Dificultad respiratoria grave o jadeos
- Letargo repentino, debilidad o colapso
- Hemorragia profusa de cualquier parte del cuerpo
- Convulsiones o inclinación severa de la cabeza
- Vientre distendido, especialmente si va acompañado de dolor y malestar
- Diarrea o estreñimiento incontrolables
- Traumatismo o lesión grave

Cambios de comportamiento

Los conejos son expertos en ocultar signos de enfermedad. Si observa cambios en su comportamiento o rutina, podría indicar un problema de salud:

- Disminución del apetito o rechazo a comer
- Reducción de la ingesta de agua
- Letargo y actividad reducida
- Aislamiento y esconderse más de lo habitual
- Rechinar de dientes (señal de dolor)
- Comportamiento agresivo o cambios en la interacción social

Problemas gastrointestinales

La estasis gastrointestinal, la diarrea o el estreñimiento son problemas de salud comunes en los conejos.

- Busque ayuda si su conejo lleva más de 12 horas sin comer ni producir heces.
- Si las heces de su conejo son consistentemente blandas o acuosas, o si tiene dificultad para defecar.

Síntomas respiratorios

- La secreción nasal, los estornudos, las sibilancias, la respiración dificultosa y la tos pueden ser signos de infecciones respiratorias.
- Si su conejo tiene problemas para respirar o presenta una secreción visible, póngase en contacto con un veterinario.

Problemas dentales

- Si su conejo babea, se da zarpazos en la boca o se muestra reacio a comer, los problemas dentales podrían ser la causa.
- Los dientes demasiado crecidos o los espolones dentales requieren un recorte profesional por parte de un veterinario.
- Problemas de piel y pelaje
- El rascado, la pérdida de pelo, las costras o las lesiones cutáneas podrían indicar la presencia de ácaros, tiña u otras afecciones de la piel.
- Los abscesos, bultos o crecimientos inusuales deben comunicarse siempre a un veterinario y ser examinados.

Problemas de ojos y oídos

- Los ojos turbios o saltones, el lagrimeo excesivo, el enrojecimiento o las secreciones justifican la atención veterinaria.
- La inclinación de la cabeza, las vueltas en círculos y los problemas de equilibrio pueden indicar una infección del oído interno o una infección por E. cuniculi.

Problemas reproductivos y urogenitales

Si tiene una coneja hembra no esterilizada, esté atento a signos de problemas uterinos como sangrado, hinchazón o molestias.

Los conejos machos con dificultad para orinar o producir orina podrían tener problemas del tracto urinario.

Vacunas

Consulte a su veterinario sobre el calendario de vacunación recomendado para enfermedades como la enfermedad hemorrágica del conejo (EHC) y la mixomatosis. Los tratamientos para los problemas de salud de los conejos pueden variar mucho y deben ser determinados siempre por un veterinario. Pueden incluir:

- Antibióticos o medicamentos antivirales para las infecciones
- Alivio del dolor y medicación antiinflamatoria
- Procedimientos dentales para dientes demasiado grandes o espolones dentales
- Terapia de fluidos para combatir la deshidratación
- Procedimientos quirúrgicos para extirpar abscesos o tumores
- Tratamiento parasitario para parásitos externos o internos
- Cuidados de apoyo como alimentación con jeringuilla, hidratación y regulación de la temperatura

Vacunaciones para prevenir enfermedades específicas

La clave está en buscar atención veterinaria profesional en cuanto note cualquier signo de enfermedad o malestar en su conejo. Los conejos son animales delicados, y una intervención temprana puede marcar una diferencia significativa en su pronóstico y recuperación.

Conducta en situaciones de emergencia

Mantenga la calma

En cualquier situación de emergencia, mantener la calma es esencial. Tómese un momento para serenarse antes de actuar. Los conejos son sensibles a las emociones de su dueño, y su conducta calmada ayudará a evitar que su conejo se estrese más.

Evalúe la situación

Evalúe rápidamente la situación para comprender la gravedad de la emergencia. ¿Está su conejo herido, muestra signos de enfermedad o se encuentra en peligro inmediato? Esta evaluación le ayudará a priorizar sus acciones.

Aislar y proteger

Si su conejo está en peligro o está herido, trasládelo con cuidado a una zona segura y tranquila. Utilice un transportín o un espacio confinado para evitar que sufran más daños o estrés. Cubra el transportín con una manta para proporcionarle una sensación de seguridad.

Póngase en contacto con su veterinario

Póngase en contacto con su veterinario o con una clínica veterinaria de urgencias con experiencia en conejos. Explíquele la situación y facilite tantos detalles como sea posible sobre el estado de su conejo. Siga atentamente sus consejos e instrucciones.

Primeros auxilios

Si su conejo sangra o tiene una herida, utilice un paño limpio y estéril o una gasa para aplicar una suave presión sobre la zona afectada. No aplique presión directa sobre los ojos, la nariz o la boca. Intente mantener la zona limpia y minimizar los traumatismos posteriores.

Dificultades respiratorias

Si su conejo tiene dificultades para respirar, asegúrese de que se encuentra en una zona bien ventilada. Evite las corrientes de aire o las temperaturas extremas, ya que los conejos son sensibles a los cambios de temperatura. Manténgalos tranquilos para reducir el estrés.

Manténgase caliente

En caso de shock o herida, la temperatura corporal de su conejo puede bajar rápidamente. Cúbralos con una manta o toalla para ayudarles a mantener su calor corporal. Tenga cuidado de no sobrecalentarlos, ya que los conejos también pueden sobrecalentarse.

Administrar primeros auxilios

Solo administre primeros auxilios si está entrenado para ello y es seguro. Por ejemplo, si su conejo se está ahogando, despeje sus vías respiratorias con cuidado. Sea siempre delicado y evite causar daños adicionales.

Transporte al veterinario

Si su veterinario le aconseja llevar a su conejo para que reciba atención inmediata, llévelo lo antes posible. Asegure un transportín bien ventilado en su vehículo para evitar movimientos bruscos que puedan empeorar su estado.

Lleve un registro

Documente los síntomas que observó, la cronología de los acontecimientos y los primeros auxilios que prestó. Estos detalles serán valiosos para que el veterinario realice un diagnóstico preciso.

Siga las instrucciones del veterinario

Siga cuidadosamente las instrucciones de su veterinario. Le orientarán sobre cómo estabilizar a su conejo antes de llegar a la clínica o le indicarán las medidas inmediatas que debe tomar.

Quédese con su conejo

Si su conejo requiere hospitalización o tratamiento, manténgase en contacto con el equipo veterinario. Le mantendrán informado sobre el estado de su conejo, su plan de tratamiento y sus progresos.

Recuerde que, aunque usted puede proporcionar algunos primeros auxilios, la atención veterinaria profesional es crucial para diagnosticar y tratar adecuadamente el estado de su conejo. Incluso si su conejo parece recuperarse tras los primeros auxilios, sigue siendo vital buscar una evaluación profesional para asegurarse de que no hay lesiones o complicaciones ocultas. Mantener la seguridad y el bienestar de su conejo como máxima prioridad en caso de emergencia contribuirá a garantizar el mejor resultado posible.

Ser propietario de un conejo conlleva la responsabilidad de salvaguardar su salud y bienestar. Puede que estas adorables criaturas sean pequeñas, pero pueden ser propensas a sufrir problemas de salud. Adoptando un enfoque proactivo para el conocimiento de las enfermedades y su tratamiento precoz, puede asegurarse de que su conejo disfrute de una vida larga y saludable.

Comprender la importancia de mantenerse informado

Ser consciente de las enfermedades comunes de los conejos es esencial. Si conoce los signos y síntomas de afecciones como la estasis gastrointestinal, los problemas dentales y las infecciones respiratorias, estará mejor preparado para detectar posibles problemas de salud antes de que se agraven.

Acción precoz

Reconocer las señales de advertencia es solo el primer paso. Actuar con rapidez es crucial. Si nota algún cambio en el comportamiento, el apetito o el peso de su conejo, no dude en consultar a un veterinario con experiencia en el cuidado de conejos. Su rápida respuesta puede marcar la diferencia en la salud general de su conejo.

Dar prioridad a la prevención

Prevenir los problemas de salud es siempre preferible a tratarlos. Asegúrese de que la dieta de su conejo es equilibrada y rica en fibra, ofrézcale muchas oportunidades de ejercicio y estimulación mental y mantenga limpio su espacio vital. Las visitas regulares al veterinario, las vacunas y las prácticas proactivas de acicalamiento son también componentes vitales de una rutina de cuidados preventivos.

Crear un estilo de vida centrado en el conejo

El bienestar de su conejo debe ser el centro de sus esfuerzos. Dedique tiempo a observar su comportamiento, a participar en juegos interactivos y a proporcionarle un entorno cómodo y libre de estrés. Manteniendo a su conejo contento y mentalmente estimulado, contribuye a su salud general.

Defender la salud de su conejo

Como propietario responsable de un conejo, usted tiene el poder de ser el defensor de la salud de su mascota. Adoptar un enfoque proactivo para el conocimiento de las enfermedades y su tratamiento precoz demuestra su compromiso con su felicidad. Recuerde que su conejo depende de usted para su cuidado. Al dar prioridad a su salud, se está asegurando de que disfrute de una vida plena a su lado.

Capítulo 6: Prácticas éticas de cría para la sostenibilidad

Puede resultar tentador lanzarse a criar conejos y aprender dejándose llevar por la corriente a base de ensayo y error. Sin embargo, los conejos son seres vivos. Jugar con la vida de los conejos que le proporcionarán alimento parece innecesariamente cruel. Por lo tanto, hay que tener en cuenta consideraciones éticas a la hora de criar conejos. Estas consideraciones incluyen el cuidado de la salud, la diversidad genética, el alojamiento, así como la comprensión de sus ciclos reproductivos. Al adquirir primero una comprensión profunda de los múltiples factores que contribuyen a la cría de conejos sanos, puede tomar decisiones informadas para crear el mejor entorno para sus conejos. La cría sostenible requiere un enfoque consciente de la cría de animales. Separarse de las prácticas, a menudo crueles, de la ganadería industrial a gran escala requiere aplicar la ética a la cría y el engorde de conejos de carne.

Los conejos son una fuente magra de proteínas y se reproducen con rapidez. Establecer los marcos para aprovechar la rápida tasa de madurez de los conejos y los costes relativamente baratos de su cría debe estar en consonancia con un alto nivel ético. Puesto que está criando su propia carne, es su responsabilidad asegurarse de que sus animales viven cómodamente antes del sacrificio. Con un poco de conocimiento y ciñéndose a unos principios éticos, puede construir una granja de conejos de alto rendimiento que ocupe un espacio mínimo y sea respetuosa con el medio ambiente. Una vez haya creado su sistema de cría, le resultará mucho más fácil mantener compasivamente un paraíso de conejos. Por lo tanto, explorar técnicas para cuidar y criar conejos de forma ética es fundamental para una explotación eficiente.

Gestión de las parejas reproductoras

Comprender el linaje es un componente esencial de la cría ética de conejos. Ignorar los factores genéticos al criar sus animales podría ser desastroso y dejarle con numerosos defectos y enfermedades. Elegir las parejas reproductoras requiere una comprensión básica de la biología del conejo y de su comportamiento social. Además, hay muchas razas de conejos entre las que elegir, incluyendo el gigante flamenco, el californiano, así como el blanco de Nueva Zelanda. Los conejos de carne se eligen por su excelente relación hueso-carne, así como por su gran tamaño. Puede resultar tentador seleccionar los conejos más grandes de su camada para criarlos y obtener más carne, pero otros factores determinan qué conejos pueden criarse según principios morales. Una mentalidad guiada por la cantidad de producción de carne a expensas de la calidad podría ser un obstáculo importante para la cría ética.

Comprender el linaje es un componente esencial de la cría ética de conejos[17]

Muchos criadores tienen afán de lucro, lo que a menudo puede dar lugar a un trato indeseable de los conejos. Si planea vender carne de conejo o incluso criarlos para su propio consumo, uno de los peores enfoques que puede adoptar, éticamente hablando, es considerar a los conejos como un simple producto. El objetivo es dar a los conejos una vida lo más cómoda posible antes de sacrificarlos finalmente para obtener carne. La relación entre un criador y sus conejos debe ser mutuamente beneficiosa. Las decisiones que tome sobre la cría determinarán lo bien que socialicen sus conejos, lo sanos que estarán y, finalmente, el rendimiento que obtendrá de ellos. Por lo tanto, la gestión de la cría requiere una atención profunda a la diversidad genética de los conejos, la prevención de la endogamia, así como el mantenimiento de un tamaño de población saludable que su alojamiento y espacio puedan acomodar.

Diversidad genética

La diversidad genética de sus conejos dependerá en gran medida del tipo de cría que siga. Los principales tipos de cría para conejos son la cría en línea, el cruce, el cruce externo y la endogamia. El cruce es cuando selecciona conejos de razas completamente diferentes que tienen varias características y los mezcla para poder maximizar la diversidad genética. El problema del cruce es que no puede registrar los conejos en la Asociación Americana de Criadores de Conejos porque no son de raza pura. El cruce limitará los posibles compradores de sus conejos porque las razas puras son más deseables en el mercado. El cruce externo aborda el problema del cruce, produciendo líneas que no son de raza pura. El cruce externo consiste en criar conejos de la misma raza procedentes de linajes diferentes. La cría en línea se refiere a la cría de conejos de la misma familia. Sin embargo, el criador tiene cuidado de tomar decisiones que creen diversidad genética apareando conejos que tengan cierta distancia familiar. Por ejemplo, los conejos criados con cría en línea pueden ser medio hermanos, o los nietos se cruzarán con los abuelos. La endogamia se refiere a la cría de miembros de la misma camada.

El cruce es uno de los mejores métodos para criar conejos de forma ética. El cruce crea diversidad genética. Sin embargo, puede causar problemas con el parto. Por ejemplo, si una raza macho más grande se aparea con una raza hembra más pequeña, puede causar problemas en el proceso de parto porque la mezcla resultante podría significar que los gazapos son demasiado grandes para la madre. La cría en línea crea más consistencia entre sus conejos, y usted tiene más control sobre la elección de las características deseables, pero puede conducir a la inferioridad genética si la técnica se utiliza a largo plazo. Los conejos consanguíneos son genéticamente similares, por lo que las camadas pueden ser a menudo propensas a enfermedades o tener algunos defectos físicos.

Prevención de la endogamia

Llevar un registro de la procedencia de sus líneas de cría es uno de los primeros pasos para prevenir la endogamia. Una forma sencilla de asegurarse de que sus conejos no están directamente emparentados es comprando conejos de granjas diferentes. Organismos como la Asociación Americana de Criadores de Conejos existen en parte para llevar un registro de los linajes y razas de los diferentes conejos. Por lo tanto, para evitar la endogamia, debe ser consciente de dónde se obtienen sus conejos. Además, es mejor obtener conejos de criadores registrados porque hay un rastro de papel que puede seguir para ver con precisión de dónde proceden los linajes y lo puros (o no) que son.

Una vez que haya adquirido sus conejos de cría, la forma más eficaz de evitar la endogamia es ser observador. Dependiendo de las razas que esté criando, la edad de madurez sexual será diferente. Una vez que un conejo ha alcanzado la madurez sexual, debe mantenerse separado de su camada. También es necesario prestar mucha atención al comportamiento de los conejos. Por ejemplo, una coneja en celo estará más inquieta y mostrará comportamientos como frotarse la barbilla con el pienso. También se harán evidentes otros signos fisiológicos como una vulva roja e hinchada. Una vez que sus conejas hayan alcanzado la madurez sexual, deben separarse en parejas reproductoras y mantenerse alejadas de la camada de la que proceden. No debe permitirse que los padres se apareen con los hijos, ni tampoco que lo hagan los hermanos.

Mantener un tamaño de población saludable

Mantener un tamaño de población saludable significa que debe ser consciente del número máximo de conejos que caben en el espacio de que dispone. También debe ser consciente de la proporción entre conejos y conejas y mantenerla equilibrada. Por ejemplo, debería haber unos dos machos por cada 20 hembras. Cuando aparee a sus machos y lo haga, debe ser consciente de que los machos pueden volverse territoriales. Por lo tanto, sus hembras deben trasladarse al territorio de su macho en lugar de trasladar a su macho al territorio de una hembra en el que haya otros machos. Una cierva y su camada necesitan al menos dos metros cuadrados de espacio para estar sanas. Por lo tanto, es necesario medir la superficie de la que dispone para criar a sus conejos, de modo que pueda calcular cuántos conejos constituyen su capacidad máxima. Los conejos varían de tamaño, por lo que el espacio que necesitan cambiará. Una forma excelente de medir si dispone de espacio suficiente para la cría humanitaria es que cada conejo individual necesita una sección unas cinco veces mayor que su cuerpo.

Sus prácticas de cría también determinarán el grado de salud de su población. Los defectos genéticos pueden dejarle con una población decreciente. Por lo tanto, cuando aparee a alguno de sus conejos, debe comprobar si están sanos y si hay algo anormal en su desarrollo. Le conviene utilizar para el apareamiento los machos y hembras más fuertes y sanos. Además, debe cambiar regularmente a sus machos. Con el tiempo, sus hembras empezarán a producir camadas más pequeñas. Llevar la cuenta del tamaño de sus camadas es otra forma de asegurarse de que se mantiene una población fuerte. Una vez que las camadas de sus hembras empiecen a disminuir significativamente, puede que sea el momento de traer hembras más jóvenes para la cría.

Ciclo reproductivo

Las prácticas éticas en torno al ciclo reproductivo tienen que ver principalmente con la salud de sus conejos reproductores, así como con las condiciones en las que tiene lugar la cría. Las conejas son viables para la cría durante unos tres años. Se sugiere que intercambie sus gazapos al menos una vez al año para una reproducción óptima. La duración del embarazo de una coneja es de aproximadamente un mes, dependiendo de la raza. Una vez que nacen los cachorros, se amamantan durante aproximadamente ocho semanas. Para asegurarse de que sus cachorros crecen sanos, deben ser amamantados durante las ocho semanas. Los cachorros pueden comer alimentos sólidos alrededor de las dos semanas de vida. Sin embargo, esto no significa que estén preparados para dejar de tomar la leche de su madre. Una gran parte de la cría ética consiste en asegurarse de que tiene en cuenta la salud de sus conejos. Por ello, es necesario un cuidado exhaustivo de los gazapos, así como de las hembras preñadas.

Una vez que su coneja haya parido y amamantado a sus gazapos, debe asegurarse de que está sana antes de volver a criarla. El embarazo exige mucho de una hembra. Puede comprobar sus niveles de energía, así como su cuerpo, en busca de cualquier lesión antes de criarla de nuevo.

Necesita esperar al menos 35 días antes de volver a criar a su cierva después de que la camada haya sido destetada. Esto protegerá la salud de su yegua, así como la de cualquier camada futura. A veces, puede producirse un pseudo embarazo, que dura unos 17 días. Esto puede ocurrir si una cierva se aparea con un macho estéril o por otro tipo de estimulación física. Por lo tanto, es esencial vigilar a una cierva preñada si quiere mantener una población sana.

Edades de cría apropiadas

Los conejos están listos para criar entre los cuatro y los siete meses, según su tamaño y su raza. Las razas más pequeñas tienden a madurar más rápido. En casi todas las razas, los machos maduran mucho más despacio que ellas. Cuando sus conejas estén listas para la reproducción, es crucial hacer un seguimiento de sus patrones de apareamiento para asegurarse de que tanto las hembras como los machos se mantienen sanos. Debe permitirse que un macho se aparee al menos cada tres o cuatro días. Los machos sanos pueden seguir apareándose durante unos dos o tres años, pero para un linaje fuerte, se sugiere que los machos que se aparean se intercambien al menos una vez al año. A diferencia de muchas otras especies de mamíferos, las conejas no ovulan según un calendario establecido. Las hembras solo ovulan cuando hay estimulación sexual.

Las granjas comerciales de conejos producen unos cinco o seis litros al año. Para unas prácticas de cría éticas, su cría no debe guiarse estrictamente por maximizar las camadas. Debe controlar su dosis para asegurarse de que están sanas y fuertes para producir más camadas. No querrá sobrecargar demasiado a sus animales si su objetivo es aumentar su calidad de vida. Aunque sus conejos son esencialmente una mercancía, para que sus prácticas de cría tengan un alto nivel ético, debe tener en cuenta la calidad de vida de los conejos. Por lo tanto, sus conejos solo deben criarse cuando se encuentren en un estado de salud óptimo, y debe evitar la sobre cría.

El cuidado de las hembras preñadas

El embarazo es una época vulnerable para la mayoría de los mamíferos. Por ello, es necesario un mayor grado de cuidados cuando una coneja está preñada. Hay varias formas de saber cuándo una cierva está preñada. Una de las formas más obvias de detectarlo es comprobando el tamaño del abdomen. El peso corporal también aumentará significativamente. Otra forma de comprobarlo es colocando un macho cerca de ella. Los gamos no se aparean con las que ya están preñadas. Cuando una coneja da a luz, se conoce como parto. Antes de que se produzca el parto, es importante construir un nido.

A veces, puede resultar difícil para una coneja concebir. Esto indica que el macho o la hembra no están sanos, y una de las principales causas de que una hembra no pueda concebir es que tenga sobrepeso. Dado que es ético mantener una salud óptima para sus conejos, debe asegurarse de que tengan un tamaño saludable. Los gazapos con sobrepeso también tienden a perder la libido y son perezosos. La vejez, las enfermedades y las lesiones pueden impedir que los conejos críen eficazmente. Así pues, es lógico que mantenga a sus conejos en óptimas condiciones.

El cuidado de las crías recién nacidas

Los conejos cuidan muy bien de sus crías. Su deber como criador es asegurarse de que las condiciones para su cuidado son las adecuadas. Los conejos utilizan su pelaje para hacer nidos para sus crías. Puede añadir serrín al recinto para que la coneja lo utilice también para construir un nido. A veces, los conejos pueden quedarse huérfanos. Tal vez la coneja se hirió o murió durante el proceso de encalado. Si esto ocurre, tendrá que alimentar a las crías de conejo con biberón utilizando una fórmula especial. Un buen sustituto de la leche para conejos es la leche para gazapos. También tendrá que construir el nido usted mismo.

Investigar qué es lo mejor para sus conejos no es una actividad de una sola vez. A medida que avance en su viaje de cría, necesitará investigar continuamente. Mantenerse al día de la información más reciente es la piedra angular de unas prácticas de cría éticas. Siempre hay nueva información y actualizaciones de las mejores prácticas disponibles. En su mayor parte, el cuidado de los cachorros recién nacidos significa simplemente controlarlos a diario y asegurarse de que la madre está sana, ya que son criadores naturales. Si observa algún cambio preocupante o un comportamiento que se salga de la norma, investigar es beneficioso. Mediante una observación aguda y manteniéndose al día de los avances científicos, podrá mantener una manada sana.

Consideraciones sanitarias

Usted elige a los conejos que cría; ellos no le eligen a usted. Por lo tanto, cualquier preocupación sanitaria recae firmemente sobre sus hombros. La carne de conejo es barata y los conejos son relativamente fáciles de criar. Sin embargo, eso no significa que sean capaces de resistir cuando se descuida su salud. La salud de los conejos se basa principalmente en tres factores: alojamiento, nutrición y mantenimiento. Si acicala a sus animales, los alimenta bien y crea un refugio que satisfaga sus necesidades básicas, podrá criar conejos de forma ética que le proporcionarán carne abundante para su beneficio o consumo. Hay diferencias entre criar conejos para mascotas y criar conejos para carne. Los conejos para carne son más grandes que los criados para mascotas. Además, hay diferencias en los cuidados que necesitan.

Los conejos de carne serán inevitablemente sacrificados. Sin embargo, el hecho de que vayan a ser sacrificados por su carne no significa que sus vidas deban estar llenas de sufrimiento. Cuanto mejor se cuide a los conejos, más sanos estarán. Los conejos sanos producen una carne de mayor calidad que tendrá mejor sabor y podrá venderse más cara. Así pues, mantener sanos a sus conejos es beneficioso para todos porque tendrán una mayor calidad de vida, y es beneficioso para usted porque tendrá un producto final de mayor calidad. Las consideraciones éticas sobre la salud pueden requerir más tiempo y esfuerzo, pero merece la pena por el bienestar de los animales, así como por la carne de primera calidad que usted disfrutará.

Nutrición

El pienso comercial para conejos en forma de pellets contiene todos los nutrientes necesarios para mantener una dieta sana. Utilizar pienso comercial para conejos es más aconsejable que intentar mezclar su propio pienso porque ha sido formulado científicamente. Darle a sus conejos algunas verduras de hoja verde o vegetales de vez en cuando está bien, pero los pellets comerciales son suficientes para todas sus necesidades dietéticas. Además, el agua debe estar siempre a disposición del conejo. Como los conejos son susceptibles a las temperaturas extremas, en verano necesitan mucha más agua para ayudarles a refrescarse y controlar su temperatura corporal.

El pienso comercial para conejos en forma de pellets contiene todos los nutrientes necesarios para mantener una dieta sana[18]

Alojamiento

Los conejos son sensibles a los cambios extremos de temperatura. Por ello, el alojamiento es uno de los principales factores que contribuyen a la buena salud de los conejos. Los aumentos de frío o de calor pueden provocar la muerte o la infertilidad de los conejos. Los recintos también deben construirse de forma que bloqueen el viento. La combinación de viento y frío es devastadora para los conejos, y podría acabar perdiendo toda su manada. Éticamente, como criador, debe crear un espacio cómodo para sus conejos. Un recinto bien cuidado permite que sus conejos estén cómodos, seguros y libres de lesiones y enfermedades.

Además de mantener el calor de sus conejos, el vallado es una parte fundamental del alojamiento de los conejos. Mucha gente comete el error de pensar que el vallado está pensado principalmente para mantener a los conejos dentro, por lo que compran el vallado más barato en su tienda de jardinería local. Este planteamiento es completamente erróneo. Cualquier vallado que se instale debe ser a prueba de depredadores. Los conejos son vulnerables a todo tipo de depredadores, incluidos zorros, coyotes, perros, gatos y diversas aves rapaces. Su vallado debe estar más orientado a mantener a los depredadores fuera que a mantener a sus conejos dentro. No es ético poner a sus conejos en peligro porque es su trabajo garantizar su seguridad. Unas condiciones de vida sanas y seguras para sus conejos son los pilares cruciales para criar conejos de forma ética.

Cuidados médicos

La prevención de enfermedades, dolencias y lesiones se centra en la creación de condiciones sanitarias para sus conejos. Sus conejos y el entorno en el que viven deben mantenerse limpios en todo momento. Los conejos tienen orejas y uñas sensibles, lo que significa que debe revisarlos con regularidad. Además, debe mantener cortas las uñas de su conejo. Cuando corte las uñas de su conejo, asegúrese de no mellar ninguna arteria cortando por debajo de lo rápido. Esto es insoportablemente doloroso para el conejo, y podría infectarse. También es aconsejable que un veterinario le haga revisiones periódicas. Si uno de sus conejos contrae una enfermedad o dolencia, es probable que pueda contagiarla a todos sus conejos. Por eso son aconsejables las revisiones periódicas del veterinario, para que pueda detectar a tiempo cualquier enfermedad.

Capítulo 7: El ciclo vital del conejo

Comprender el ciclo vital de los conejos es esencial para mantener una cría que funcione bien. En diferentes momentos de su vida, los conejos muestran ciertos comportamientos y necesidades. Para proporcionar a sus conejos los mejores cuidados para que produzcan carne de calidad, el criador debe conocer a fondo las etapas de la vida del conejo. Hay cuatro etapas principales de desarrollo evolutivo: el gazapo o recién nacido, el juvenil, el adulto y la fase senior. Comprender los entresijos de cada fase del ciclo vital del conejo ayuda al criador a tomar decisiones informadas que beneficiarán a su rebaño y, en última instancia, a su carne.

En cada fase de su ciclo vital, los conejos tendrán necesidades específicas. Un criador debe satisfacer eficazmente esas necesidades, y criar conejos sanos requiere un conocimiento profundo de su funcionamiento biológico. La edad desempeña un papel importante en la biología de un conejo. Teniendo en cuenta que un criador interactúa con los conejos desde el nacimiento hasta la edad adulta, entender qué comportamiento y funcionamiento del conejo es normal a cada edad puede ayudarle a determinar cómo de sana es su manada. Una manada sana conduce a una mejor carne o a más beneficios si el objetivo de un criador es vender sus conejos.

Gazapos

La etapa de gazapo es cuando un conejo es más vulnerable [19]

La etapa de gazapo es cuando un conejo es más vulnerable. Los gazapos requieren cuidados especializados tanto del criador como de su madre. Saber exactamente qué aspecto tiene un gazapo sano y cómo se comporta permite tomar decisiones más informadas sobre la cría y las intervenciones que pueden ser necesarias en esta primera etapa de la vida. Cuando críe conejos, habrá un ciclo constante de recién nacidos que necesitarán su atención. Los requisitos nutricionales de los gazapos, junto con el alojamiento y los cuidados médicos, crean una matriz de atención específica necesaria para asegurar los mejores resultados posibles para su manada.

La etapa de gazapo o recién nacido abarca desde el nacimiento hasta los tres meses aproximadamente. Normalmente, en esta parte del ciclo de vida del conejo, se necesita un alto nivel de cuidados por parte de la madre coneja o de la presa. Los frágiles bebés corretean torpemente, despistados ante los peligros del corral. El semental, o el conejo padre, no desempeña un papel fundamental en este nivel de desarrollo. Los gazapos nacen con los ojos cerrados y no tienen pelaje en las primeras etapas. No pueden mantener el calor corporal, por lo que se mantienen calientes gracias a la madre y a un nido. Los criadores deben proporcionar serrín, que la madre utilizará junto con su pelaje para mantener calientes a sus crías.

Durante las dos primeras semanas, los cachorros adquieren una nutrición que procede predominantemente de la leche. Después de las dos primeras semanas, empezarán a comer pellets. Sin embargo, no estarán listos para ser destetados de la leche hasta aproximadamente las ocho semanas. Un conejo recién nacido medirá de cinco a siete centímetros y pesará de 30 a 40 gramos. Estos preciosos bebés se alimentan una o dos veces al día durante cinco a diez minutos por toma. La leche rica en nutrientes proporciona el sustento adecuado para un conejo joven con una toma cada 24 horas. Los gazapos suelen alimentarse por la mañana temprano, entre medianoche y las 5 de la mañana.

Dado que los gazapos recién nacidos son tan vulnerables, es esencial vigilarlos constantemente, sobre todo inmediatamente después del parto. La presa a veces deja el nido desatendido, lo que es un momento perfecto para comprobar cómo están los pequeños. Por desgracia, es frecuente que las crías mueran pronto, por lo que es una oportunidad para retirar cualquier cachorro muerto. La manipulación del nido debe hacerse con extrema precaución para no molestarlos demasiado. La madre se comerá la placenta después del parto, pero a veces, la limpieza puede ser un poco descuidada. Ayude a la madre retirando cualquier resto de placenta cuando esté revisando los gazapos recién nacidos. Una vez que se haya asegurado de que todos los gazapos están sanos y vivos, puede comprobar si han sido alimentados. Una madre puede tener problemas para alimentar a los gazapos, por lo que tendrán que ser alimentados con biberón. Si han sido alimentados, sus vientres estarán redondos y sobresaldrán. Si perturba el nido, es esencial restaurarlo tal y como lo encontró.

Las crías estarán finalmente listas para abandonar el nido a las dos o tres semanas de vida. En ese momento, empezarán a comer egagrópilas y no dependerán exclusivamente de la leche de su madre. Después de seis a ocho semanas, las crías pueden separarse de su madre y destetarse de la leche. Las crías serán ahora mucho más independientes y no requerirán los cuidados específicos de antes. Sin embargo, los conejos siguen considerándose gazapos hasta los tres meses de edad aproximadamente. Aunque estas crías no son tan vulnerables como antes, sigue siendo necesario controlarlas regularmente para vigilar su salud.

Por la salud de la madre, el destete debe hacerse gradualmente. Cuando las crías se retiran bruscamente, esto puede provocar el desarrollo de mastitis. La mastitis es una enfermedad que provoca la hinchazón de las mamas de la coneja. Esta hinchazón puede dar lugar a una infección que provoque la muerte prematura de la madre. Aunque el semental o el padre no es tan integral en el desarrollo de los gazapos como la madre, también puede ayudar mantener al semental cerca durante las primeras semanas para evitar el estrés de las crías o de la madre. El padre actúa como un soporte fundacional estable para su familia reproductora.

Juvenil

Una vez que el gazapo ha crecido significativamente, pasa a la etapa juvenil. Esta etapa puede compararse a la de un adolescente humano. La fase juvenil es el periodo puente entre ser un gazapo y alcanzar la edad adulta. Esta etapa comienza alrededor de los tres meses de edad hasta aproximadamente el año. Algunas de las razas más grandes alcanzan la edad adulta antes, alrededor de los nueve meses. La alimentación se vuelve más importante a medida que los hambrientos adolescentes mastican constantemente para sostener su rápido crecimiento. El heno de alfalfa y los pellets de calidad son un buen pienso en esta etapa de desarrollo porque es muy rico en calcio y ayudará a los adolescentes a desarrollar huesos y músculos fuertes. También es rico en fibra, que ayuda a la digestión.

En esta etapa, la alimentación debe ser constante, con un flujo consistente de pellets fácilmente disponibles. El crecimiento explosivo de los conejos juveniles requiere nutrientes, por lo que se alimentan a menudo. La consideración más importante para la cría de conejos a esta edad es asegurarse de que tengan abundante comida y agua fácilmente disponibles. Debe mantenerse un buen equilibrio proporcionándoles alimento a raudales y, al mismo tiempo, evitando que coman en exceso porque estos jóvenes pueden ser glotones. Los juveniles regordetes pueden ser a veces propensos a atiborrarse. Debe desarrollar un protocolo de alimentación que garantice que los conejos estén bien alimentados sin permitirles que se excedan.

Los conejos jóvenes son muy activos, por lo que necesitan mucho espacio para corretear. Crear un recinto con diferentes niveles en los que los conejos puedan saltar les ayudará a controlar sus altos niveles de energía. Cuando pasan a la edad adulta, experimentan cambios hormonales y notará que se vuelven mucho más agresivos. Los conejos jóvenes pueden mostrar comportamientos revoltosos como dañar su recinto, morder o rociar orina por todas partes. Por ello, hay que vigilar a estos imprevisibles para asegurarse de que no se hacen daño a sí mismos ni a otros conejos. Las mordeduras pueden causar heridas o infecciones, así que compruebe que sus conejos no tengan heridas causadas por sus hormonales jóvenes.

Los conejos que se tienen como mascotas suelen castrarse cuando alcanzan esta fase juvenil debido a su comportamiento hiperactivo, como morder, escarbar y moverse frenéticamente. Un criador debe tolerar este comportamiento porque necesita que estos conejos maleducados se reproduzcan. Así pues, cualquier refugio que se construya para estas pesadillas adolescentes debe tener en cuenta la naturaleza rebelde y activa de los conejos a esta edad. También puede esperar más peleas de los conejos adolescentes debido a sus cambios hormonales. En esta fase de desarrollo, los conejos traviesos tienden a expresar un comportamiento territorial agresivo. Arremeterán contra usted cuando entre en su espacio, por lo que debe tener cuidado al manipularlos.

La curiosidad, agresividad e hiperactividad que crecen en la fase juvenil del desarrollo del conejo remitirán con la edad. Estos comportamientos están influenciados por las furiosas hormonas de la pubertad. Los conejos juveniles se acercan a la madurez sexual. En los conejos machos, puede observar que empiezan a montar objetos u otros conejos. Se trata de un signo normal del desarrollo de un conejo joven. Después del año de edad, entrarán en la edad adulta, por lo que se calmarán significativamente desde el pico de la alborotada etapa de transición de su ciclo vital. Los conejos macho son más agresivos que las hembras y son los que manifiestan los comportamientos más territoriales y agresivos.

Los cambios hormonales también desempeñan un papel en las hembras de conejo. Cuando son jóvenes, las conejas hembras pueden empezar a anidar. Las conejas adultas solo anidan cuando están preparadas para parir. Cuando las hembras jóvenes empiezan a anidar, es un signo de falso embarazo. La coneja se está preparando para iniciar el apareamiento. Las conejas no ovulan cuando no hay machos cerca. Los cambios hormonales están preparando al animal para la madurez sexual y las exigencias biológicas que conlleva.

Las principales preocupaciones cuando los conejos están en la fase juvenil son evitar las peleas y mantener sus espacios vitales. Los conejos juveniles son propensos a dañar la propiedad mordisqueando y escarbando. Además, sus animales pueden necesitar vacunas en esta fase temprana para evitar la propagación de diversas enfermedades. Es aconsejable que un veterinario realice una visita a domicilio o que lleve a su manada al veterinario para que un profesional médico se asegure de que no tienen lesiones ni enfermedades potencialmente mortales. Si un pequeño número de conejos enferma en su manada, es probable que puedan propagar las enfermedades. Por ello, es muy recomendable vacunar a los conejos desde el principio.

Adulto

Cuando los conejos alcanzan la edad adulta, significa que ya no aumentan de tamaño [30]

Dependiendo de la raza del conejo, la edad adulta se alcanza entre los nueve y los 18 meses. Es entonces cuando sus conejos están completamente desarrollados y listos para empezar a criar. La duración de la vida de un conejo es de unos tres a nueve años; por lo tanto, la mayor parte de la vida de un conejo transcurrirá como adulto. Los conejos de carne, llamados fritos, suelen sacrificarse antes de que alcancen la edad adulta, entre los tres y los seis meses de edad. Los conejos adultos que se tengan se utilizarán predominantemente como reproductores. Algunas personas consideran más ético esperar a que un conejo alcance la edad adulta antes de sacrificarlos o venderlos para carne.

Cuando los conejos alcanzan la edad adulta, significa que ya no aumentarán de tamaño. Ahora que sabe que sus conejos no aumentarán de tamaño, puede calcular las dimensiones de sus recintos en función de la masa de los conejos maduros. En la edad adulta, los conejos no son tan agresivos como cuando eran jóvenes, pero aún pueden mostrar algunos de los mismos comportamientos, como ser territoriales. Teniendo en cuenta que sus conejos adultos son sus conejos reproductores, son esencialmente el centro de su explotación. Por lo tanto, se necesitan cuidados especializados para asegurarse de que son capaces de criar bien.

La alimentación de los conejos adultos debe controlarse estrictamente. A diferencia de los conejos jóvenes que aún están creciendo, los conejos adultos han alcanzado su tamaño completo, por lo que su suministro de alimentos será más constante. Pellets y heno de alta calidad es todo lo que se necesita para alimentar a los conejos adultos. Además de la comida, también deben tener agua fácilmente disponible. Los conejos tienden a volverse más perezosos cuando envejecen, por lo que existe el riesgo de obesidad, que puede afectar a su fertilidad. Dado que los adultos son sus reproductores, es esencial asegurarse de que mantienen un peso saludable y productivo para maximizar el tamaño de las camadas.

Los conejos que llegan a la edad adulta son cuidadosamente seleccionados por los criadores. Sus conejos adultos deben tener todos los rasgos más deseables que usted pretende transmitir a las generaciones futuras. Todos los conejos que mantenga hasta la edad adulta deben ser los más fuertes, aptos y sanos de su camada. Estos son los conejos que no son propensos a lesiones o enfermedades y que pueden producir la mayor cantidad de carne. Por lo tanto, debe seleccionar cuidadosamente los conejos que vende o consume y los que conserva para la cría. Normalmente, hay unos dos machos por cada veinte hembras, por lo que también deberá seleccionar sus conejos según el sexo.

Teniendo en cuenta que los conejos adultos pueden volverse perezosos, lo que podría hacerles ganar peso, su recinto debe estar estructurado de forma que fomente la actividad. Instalar algunas partes móviles en su alojamiento puede ser beneficioso porque un entorno repetitivo puede causar aburrimiento entre los conejos adultos, lo que alimentará sus inclinaciones perezosas. Si dispone de secciones que puedan moverse y le permitan reorganizar sus recintos, evitará la pereza y mantendrá activos a sus conejos. Las partes móviles que puede instalar en sus recintos pueden ser sencillas, como escalones, cajas o túneles para que sus conejos jueguen. La nutrición y el ejercicio son los dos factores más importantes a la hora de cuidar conejos adultos.

Los conejos enfermos o con deficiencias genéticas suelen sacrificarse antes de que alcancen la edad adulta. Algunos conejos con deformidades pueden seguir vendiéndose para carne. Teniendo en cuenta que su selección genética le asegurará un poderoso linaje de conejos adultos reproductores, no le resultará difícil cuidarlos a esta edad. Aparte de limpiarlos, alimentarlos y comprobar que no tengan heridas, los conejos adultos requieren relativamente poco mantenimiento en comparación con los recién nacidos, los jóvenes e incluso los senior.

En la edad adulta, sus conejos se volverán mucho menos activos después de unos tres años. Es entonces cuando empieza el envejecimiento y pasan a la fase geriátrica senior. Por eso se sugiere que sus machos reproductores se intercambien al menos una vez al año. Además, a medida que las hembras envejecen, sus camadas también se harán más pequeñas. Por lo tanto, cuando sus conejas sean adultas, debe controlar lo activas que son, así como el tamaño de la camada, para poder tomar decisiones de cría provechosas. Los conejos adultos requieren poco mantenimiento, pero los cuidados que les preste determinarán durante cuánto tiempo podrán criar eficazmente.

Adulto Mayor

Para un criador, es poco probable que sus conejos lleguen a la fase senior de la vida. Los conejos se consideran geriátricos entre los cinco y los siete años. A esta edad, sus conejos están cerca de la muerte natural. Por lo tanto, como criador, sus animales serán vendidos antes de que alcancen esta fase tardía de la vida. Sin embargo, si mantiene algunos conejos hasta que son geriátricos, tienen necesidades específicas propias de los ancianos. Así pues, deberá ajustar sus cuidados una vez que alguno de sus conejos haya alcanzado esta etapa de su vida. Las necesidades de los conejos senior son excesivas, y podrían compararse con el nivel de cuidados que precisan los recién nacidos.

Un conejo senior será una mascota. El cuidado de un senior no conlleva ningún beneficio lucrativo. Cuando un conejo se convierte en geriátrico, ya no son capaces de criar. Pueden venderse para el matadero, pero los conejos de carne se venden mucho antes de que alcancen esta etapa. Los conejos viejos se vuelven incluso menos activos que los adultos a medida que su salud empieza a deteriorarse lentamente. Muchas personas tienen conejos mayores como mascotas por lo tranquilos que son. Es muy poco probable que los conejos mayores arremetan contra usted como los jóvenes y no muestran los mismos tipos de comportamiento territorial. Además, no dañan los recintos porque son muy inactivos. Los conejos senior comen menos que los adultos porque su apetito disminuye con la edad.

Los conejos geriátricos son difíciles de cuidar porque padecen una serie de enfermedades y dolencias. Estos ancianos pueden tener problemas de oído, insuficiencia renal, artritis, problemas oculares y enfermedades dentales. Las conejas hembras que han sido reproductoras y no han sido esterilizadas también pueden desarrollar tumores uterinos. Por lo tanto, las visitas al veterinario serán habituales para los conejos senior. Los conejos mayores son frágiles y requieren cuidados constantes. Dado que ya no crían, mantener un conejo senior es un lastre para una operación de cría, por lo que si va a mantener conejos hasta que lleguen a esta edad, debe ser consciente de que le costarán dinero.

Los conejos mayores tienden a asustarse con facilidad, por lo que necesitará mantenerlos en un entorno libre de estrés. Los conejos geriátricos pueden sufrir insuficiencias cardíacas cuando se asustan o sobresaltan. Los conejos son criaturas sociales, pero mantener a un conejo senior cerca de muchos conejos adultos y jóvenes podría ser fatal debido a lo elevados que son los estímulos en ese tipo de entorno. Cualquier decisión que tome sobre las condiciones de vida de sus conejos senior deberá incluir consideraciones sobre las frágiles condiciones cardíacas de los vulnerables conejos mayores.

Para prolongar la vida de un conejo senior, el entorno en el que vive debe ser confortable. Los conejos senior también necesitan algo de ejercicio, pero, en su mayor parte, serán perezosos. Un entorno blando, con alfombras y acolchado, es ideal para evitar lesiones, así como para proporcionarles cierta comodidad de movimiento, ya que sus articulaciones pueden estar sensibles. La pérdida de movilidad causada por el deterioro de sus articulaciones significa que no podrán acicalarse bien. Por lo tanto, si tiene conejos mayores, deberá acicalarlos y darles baños secos.

Los conejos senior pierden peso rápidamente a medida que empiezan a perder el apetito. Resulta esencial alimentar a los conejos senior con comida de alta calidad y rica en nutrientes. La pérdida de apetito que experimentan los conejos mayores contribuye a que pierdan peso rápidamente. Cuidar conejos senior significa que debe comprobar constantemente su estado físico porque los cambios pueden producirse con rapidez. Mientras acicala a un conejo senior, puede comprobar si tiene algún bulto o herida porque pueden ser indicadores de varias enfermedades. Además, los conejos senior necesitan que se les corten las uñas más a menudo porque su inactividad permite que les crezcan mucho más. La combinación de aseo, nutrición, cuidados médicos y comprobación de lesiones es la razón por la que los conejos senior requieren más atención que los más jóvenes.

Capítulo 8: Sacrificio compasivo

Criar conejos para carne significa que, en algún momento, sus animales serán cosechados. Además, a algunos de su manada habrá que aplicarles la eutanasia por otras razones, como el control de la población, defectos genéticos o enfermedades. El sacrificio no tiene por qué ser cruel. Criar conejos para carne hace inevitable el sacrificio, pero hay formas de enfocar éticamente el proceso de producción. Informarse sobre las prácticas más humanas del sector puede ayudarle a establecer una explotación más compasiva. Sus animales le proporcionan carne o ingresos a costa de sus vidas. Por lo tanto, usted es responsable de asegurarse de que sus conejos tengan la mejor experiencia posible antes de verse obligado a hacer el último sacrificio.

Cualquier sufrimiento innecesario debe ser erradicado de sus operaciones de cría. Este sufrimiento incluye lesiones y muertes prolongadas. El sacrificio y la eutanasia deben realizarse de la forma menos dolorosa posible. La ASPCA dice que para que un sacrificio se considere humanitario, la muerte tiene que ser indolora, o los sentidos del animal deben estar adormecidos (Browning y Veit, 2020). Además, la ASPCA también aboga por una muerte instantánea y sin agonía (Browning y Veit, 2020). Se pueden tomar numerosas medidas para garantizar que su instalación de cría cumpla o supere estas normas.

Además del sacrificio y la eutanasia sin dolor, también deben tenerse en cuenta las condiciones en las que viven hasta el momento de sacrificio de sus animales. Sus conejos necesitan estar tranquilos y deben ser tranquilizados antes del sacrificio. Por lo tanto, utilizar técnicas de manejo humanitario y crear un entorno orientado al sacrificio compasivo es crucial para dirigir una granja ética. Muchas personas se ven empujadas a la cría doméstica para producir su propia carne debido a algunas de las prácticas atroces que están muy extendidas en la cría industrial. Criar conejos de carne de forma sostenible y concienzuda requiere que abrace la reforma de la industria ganadera aplicando cambios a pequeña escala.

Educarse en las prácticas más humanas de la industria puede ayudarle a establecer una explotación más compasiva [21]

La explotación compasiva no comienza en la mesa de despiece, sino que abarca todas sus prácticas de cría. La reducción del estrés antes del despiece depende de las condiciones en las que vivan sus animales. Por lo tanto, un entorno seguro, sanitario y espacioso es el paso inicial para una recolección compasiva. La compasión implica un alto nivel de cuidado de sus conejos. Por ello, el proceso de sacrificio debe realizarse con el máximo respeto hacia los animales. No existe una forma verdaderamente amable de matar a un animal. Sin embargo, puede acercarse lo más posible a lo humanitario si se guía más por los principios que por las mercancías. Los conejos son mamíferos, por lo que la gente puede relacionarse de algún modo con su capacidad de experimentar dolor y sufrir como criaturas sensibles. La conexión que tiene con sus conejos como seres vivos que le proporcionan sustento en forma de carne o beneficios debe mostrarse a través de prácticas cuidadosas.

El sacrificio inhumano y la eutanasia, en los que los animales experimentan un dolor y un sufrimiento excesivos, pueden reducirse mediante un adiestramiento y una información eficaces. El error humano es en gran parte culpable de inducir el sufrimiento de los animales a través de prácticas de sacrificio crueles y de los errores que se cometen en el proceso de aturdimiento. Obtener ayuda profesional y trabajar para ser competente en el sacrificio y la eutanasia puede evitar la angustia de los animales. La industria cunícola carece en gran medida de regulación debido a que su carne no es tan popular como la de vacuno, pollo o cordero. Sin embargo, esta escasa regulación no debe fomentar las prácticas crueles. La falta de una regulación adecuada en la industria de la cría de conejos debería ser un estímulo para exigirse a sí mismo un estándar aún más alto, ya que usted está en posición de contribuir a los estándares de la industria como pionero.

Métodos humanos de eutanasia

Los conejos tienen necesidades físicas, sociales y psicológicas complejas. Al sacrificar conejos, debe tener en cuenta todas estas múltiples variables si pretende que la operación de cría sea ética y humanitaria. Sacrificar animales para obtener carne puede parecer la principal preocupación de la cría de animales. Sin embargo, la cría a veces requerirá sacrificarlos por otras razones. La rentabilidad es un objetivo para muchas operaciones de cría. Hay ocasiones en las que puede resultar difícil vender conejos, lo que podría dar lugar a la necesidad de sacrificar algunos animales.

La superpoblación en un espacio reducido es una forma de crueldad animal. Por ello, aplicar la eutanasia a los conejos puede percibirse como una forma de mostrar misericordia con su manada. El proceso de reducir selectivamente su población se denomina sacrificio. Hay dos tipos de sacrificio cuando se trata de la cría de conejos de carne: el sacrificio duro y el sacrificio suave. El sacrificio suave es cuando no se mata a su población de conejos. Un sacrificio suave incluye la venta de conejos para mascotas o el cese de las actividades de cría. El sacrificio duro se refiere a la eutanasia de sus conejos. Cuando sacrifique a sus animales, elegirá conejos más débiles que tengan defectos o parezcan más propensos a enfermar.

Hay varias formas en que los criadores seleccionan los conejos que serán sacrificados. Una de ellas es la eliminación de los que carecen de instinto maternal. A veces, una madre abandona sus deberes maternales, como limpiar a sus gazapos tras el parto. Las madres sin instinto maternal suelen pisotear o comerse a sus crías. Muchos criadores se rigen por la regla de los tres golpes, lo que significa que si un conejo muestra incapacidad para ser madre tres veces, pone al animal en situación de ser sacrificado. La gente se encariña con los animales que cría, por lo que puede ser una decisión difícil de tomar. Una operación de cría de conejos de carne es diferente de una operación de santuario o de cría de mascotas en el sentido de que el sacrificio puede convertirse en parte del modelo de negocio.

La forma más común de aplicar la eutanasia a un conejo es poniéndolo bajo anestesia, ya sea por inhalación o por inyección, y procediendo después a decapitarlo. El conejo no experimentará ningún dolor ni sufrimiento cuando se utilice este método. Otra forma en que se aplica la eutanasia a los conejos es mediante una inyección letal en su vena principal. Este método también mata al conejo sin dolor. Estos métodos de eutanasia los lleva a cabo un veterinario cualificado. Puede ser peligroso intentar estos métodos usted mismo como persona no cualificada porque un error puede provocar el sufrimiento prolongado de un conejo.

Recurrir a un veterinario para aplicar la eutanasia a sus conejos puede resultar caro, por lo que algunos criadores optan por aplicar la eutanasia a sus propios animales. En el caso de los gazapos jóvenes, es más fácil matarlos porque son más pequeños y frágiles. Un rápido movimiento con un cuchillo afilado para decapitar a un conejo, empezando desde la columna hacia abajo, puede acabar con la vida del animal de forma relativamente indolora. Con los conejos más viejos, utilizar un cuchillo no es tan humanitario porque la columna vertebral es lo bastante fuerte como para impedir un corte limpio. Con conejos más jóvenes, también puede utilizar el método del cuenco para la eutanasia. El método del cuenco lo utilizan a veces las tiendas de animales para sacrificar ratones y conejos, que sirven de alimento a las serpientes. Coloque el cuenco en la nuca del gazapo. Empuje con fuerza el cuenco hacia abajo mientras tira de las patas traseras del gazapo. Este método disloca las cervicales del gazapo, lo que produce una muerte instantánea. Algunas personas utilizan cámaras de dióxido de carbono para aplicar la eutanasia a los conejos, pero este método es indeseable porque la muerte es lenta.

Sacrificio compasivo

Sus conejos se crían para carne, por lo que en algún momento habrá que sacrificarlos. Puede subcontratar el sacrificio a una persona más experta o puede aprender a sacrificar los conejos usted mismo. Cuando externalice el sacrificio, debe tener en cuenta dos factores principales. En primer lugar, la persona que designe debe saber cómo matar a sus animales sin causarles sufrimiento. En segundo lugar, hay que tener en cuenta algunos costes, porque lo más probable es que pague por el servicio. Por lo tanto, si va a vender su carne de conejo, el proceso de sacrificio deberá tenerse en cuenta en su precio de venta.

Tiene la opción de vender sus conejos vivos a carniceros. Si opta por esta opción, también deberá investigar sobre las condiciones del matadero. Es aconsejable hacer un recorrido por el lugar para ver si cumple sus normas éticas. Habrá que aturdir a los conejos antes de matarlos o, si no están adormecidos, utilizar un cuchillo afilado para asegurarse de que la muerte sea instantánea. Además, es esencial comprobar la limpieza del matadero porque las condiciones insalubres pueden provocar más sufrimiento a los animales y la contaminación de la carne, lo que causa malestar a las personas que consumen el producto.

Los criadores caseros también utilizan otros métodos para sacrificar a los conejos. Uno de los métodos más destacados es utilizar un objeto contundente para golpear con fuerza al conejo en la cabeza. Golpear al conejo en la cabeza hace que el animal quede inconsciente. Una vez noqueado el conejo, se utilizará un cuchillo afilado para cortar una de las arterias principales de su garganta y desangrarlo. El problema de utilizar fuerza contundente para noquear a un conejo es que si se le golpea incorrectamente y el golpe no es preciso, el conejo no quedará inconsciente con el primer golpe. Supongamos que el conejo no queda inconsciente tras el primer golpe. En ese caso, se necesitarán múltiples golpes para dejar inconsciente al animal, lo que causa dolor y trauma antes del sacrificio.

El método más humano de sacrificio consiste en dislocar las cervicales (cuello). Para ello, utilice un cuchillo afilado para cortar la columna vertebral mientras se tira de las patas traseras del conejo. Este método es más difícil de utilizar en conejos más viejos porque sus espinas dorsales son más fuertes, por lo que el cuchillo tiene que estar extremadamente afilado y hay que aplicar mucha presión. Además, el método requiere habilidad, por lo que es poco probable que un principiante sea capaz de sacrificar sin dolor a un conejo utilizando este método. Si va a dislocar las cervicales de sus animales para asegurarse una muerte instantánea, es mejor que lo haga guiado por un profesional familiarizado con el proceso. Unas cuantas lecciones antes de intentar el método por su cuenta podrían ser muy beneficiosas para mantener un gran nivel ético.

Los conejos son animales sociales, por lo que se recomienda apartar del grupo a los que vaya a sacrificar para reducir el estrés. Además, teniendo en cuenta que los conejos pueden ser propensos a los problemas cardíacos, así como sensibles a las temperaturas extremas, es esencial asegurarse de que el entorno del sacrificio sea tranquilo y con la temperatura controlada. Su conejo debe estar bien sujeto para evitar que se mueva, lo que podría provocar un corte inexacto que dañe al animal. Las condiciones en las que sacrifique al animal son tan importantes como su técnica de sacrificio.

Minimizar el estrés

El estrés de los conejos suele estar relacionado con el entorno en el que se crían. Muchas operaciones de cría utilizan jaulas pequeñas hacinadas en un espacio limitado para poder maximizar los beneficios. Esto crea un entorno estresante para los conejos en el que pueden mostrar comportamientos antisociales como hacerse daño a sí mismos y a los demás. Los conejos son social y psicológicamente complejos y necesitan un entorno humanitario que les permita prosperar. Una de las formas más humanas de criar conejos es la llamada cunicultura. En esta forma de cría de conejos, los animales disponen de espacio para pastar de forma natural como si estuvieran en libertad. Puede resultar más costosa porque se necesita más espacio para producir menos conejos. Sin embargo, es una de las mejores formas de dar a un conejo una vida sin estrés antes de sacrificarlo.

El recinto en el que mantenga a sus conejos debe ser limpio, espacioso y seguro. Un entorno inseguro puede hacer que sus conejos contraigan enfermedades o se lesionen. Estas enfermedades y lesiones que se producen en entornos de vida inhumanos se suman al sufrimiento que experimentan los conejos antes de ser sacrificados. Un recinto aceptable debe tener espacio suficiente para que los conejos puedan moverse y, preferiblemente, debe tener varios niveles para que los conejos puedan saltar y gatear. El cercado también debe estar instalado de forma que no tenga partes salientes que puedan cortar o herir a los conejos. Las condiciones de sacrificio humanitario requieren un alojamiento suficiente.

Dado que los conejos son sociables, interactuar con ellos a menudo puede generarles la suficiente confianza como para que su presencia los tranquilice. Asear a sus conejos e interactuar con ellos durante la alimentación puede ayudarles a establecer un vínculo con usted. La conexión que establece al entablar una relación con sus conejos significa que estarán más tranquilos cuando los lleven al matadero. Como criador compasivo, debe reducir el sufrimiento de los conejos hasta que acaben en la guillotina.

El estado psicológico es tan importante como el físico. Los conejos que se encuentran en un mal estado mental pueden verse aún más afectados físicamente. El comportamiento de sus conejos le mostrará el estado mental en el que se encuentran. Por ejemplo, los animales angustiados tendrán hábitos de aseo alterados y mordisquearán su jaula o incluso darán vueltas a su recinto repetidamente. Cuando los miembros de la manada muestran este tipo de comportamientos, puede ser una señal para ajustar la forma en que está cuidando a los animales. Maximizar el confort de sus conejos repercutirá en su producto final, ya que le proporcionará carne de alta calidad, porque la salud mental y física de los conejos contribuye a su desarrollo.

Si el entorno en el que cría a sus conejos está libre de estrés para los animales, también puede favorecer su operación de cría al proporcionar camadas más numerosas. La fertilidad puede estar ligada a la psicología porque las conejas angustiadas pueden tener problemas cardíacos que repercuten en su apareamiento. No solo los conejos se benefician de la consideración por su estado mental, sino también usted, porque sus conejas reproductoras producirán camadas más grandes y sanas si su estado mental está tranquilo. Manteniendo un entorno tranquilo y saludable, puede producir carne que se venderá con prima. Disponer de carne de primera calidad puede ser rentable, sobre todo teniendo en cuenta que el mercado de la carne de conejo es menor que el de otros animales domésticos como pollos, ovejas o vacas.

Trato ético de los animales

La necesidad de sacrificar y aplicar la eutanasia a los animales sin dolor para evitar el sufrimiento se basa en el principio del trato ético de los animales. Muchas organizaciones de la industria ganadera crean normativas que regulan la forma en que los ganaderos pueden tratar a los animales. Diversos grupos activistas desafían algunas de estas normativas porque son conscientes del bienestar de los animales. Dado que la industria de la cría de conejos no está tan estrictamente regulada como otras granjas cárnicas, el trato ético de sus animales recae sobre los hombros de los criadores individuales. La iniciativa de tomar las precauciones necesarias para construir una granja humanitaria depende en gran medida de su propio enfoque ético.

La investigación sobre la psicología y las complejas estructuras sociales de los conejos puede servir de guía para crear una granja ética en la que se promueva la cría compasiva. El objetivo es comprender a los conejos lo suficiente como para crear un entorno en el que puedan prosperar física y psicológicamente. Aunque sus conejos son, en esencia, una mercancía, eso no significa que deba ignorarse su bienestar. Le conviene tratar a sus conejos éticamente porque unos conejos más sanos producirán mejor carne.

Los criadores tienen la obligación de ser cuidadosos - y varios organismos reguladores rigen cómo puede usted tratar a sus animales. Ajustarse a la ley es solo el primer paso para ser ético. La cría compasiva implica que existe una conexión emocional con los animales que usted cría. Las operaciones a gran escala tienden a crear frialdad debido al enfoque metodológico de fábrica que tienen para criar y sacrificar conejos. Como criador, se encuentra en la posición única de utilizar la naturaleza a pequeña escala de su operación de cría para crear un estilo de cuidado más personalizado. A diferencia de sus homólogos de las granjas industriales, usted puede dedicar tiempo a cuidar de cada conejo individualmente para asegurarse de que viven su mejor vida.

La conexión emocional que establece con sus animales, unida a estar bien documentado, informado y educado, construye los cimientos de una explotación compasiva. La diferencia entre la compasión y la indiferencia es la capacidad de sentir el dolor ajeno. Por lo tanto, establecer un vínculo fuerte respaldado por un conocimiento científicamente informado puede ponerle en situación de comprender el dolor y los deseos de sus conejos. Desde la cornisa de la comprensión, puede pasar por alto una instalación de cría que sea humana, rentable y funcional.

Capítulo 9: Utilización de subproductos del conejo

La carne de conejo, en comparación con otras carnes, es una rica fuente de proteínas y más saludable que la mayoría. Más allá de su deliciosa carne, los conejos también se cultivan por sus subproductos, que son rentables y pueden proporcionarle un flujo regular de ingresos. Por lo tanto, este capítulo enseña el uso ético y eficiente de todas las partes del conejo y el uso beneficioso del estiércol de conejo para la jardinería. Además, se le orientará sobre el uso de otros subproductos como huesos y órganos.

Uso ético y eficiente de todas las partes del conejo

Cabeza: En algunos países se comen la cabeza y el cerebro de los conejos. Recetas como la cabeza de conejo picante de Sichuan y la pasta de cabeza de conejo son ejemplos de recetas en las que se utilizan la cabeza y el cerebro. Tradicionalmente, la cabeza de conejo se utiliza en guisos y para caldos. También se utilizan para alimentar a perros, cerdos y pollos. Las cabezas de conejo se trituran para alimentar a los pollos y la sangre, la carne y el hueso se consideran una buena opción para alimentar a las gallinas ponedoras.

El cerebro del conejo se utiliza en el proceso de curtido de pieles. Se cree que el tamaño del cerebro de cada animal es suficiente para curtir la piel de ese animal. Además, el cerebro es una rica fuente de ácidos grasos omega-3.

Orejas: Las orejas de conejo se deshidratan y se utilizan como golosinas para perros. También se pueden freír y comer con salsa chutney de albaricoque y jengibre.

Pieles: Con ellas se fabrican mantas, sombreros, abrigos y otras prendas para mantener el calor. Pueden añadirse a la ropa como pasamanería.

Patas: Puede convertir las patas de conejo en un amuleto de la suerte secándolas y añadiéndoles algunos elementos decorativos. Puede hacerlo añadiendo en un tarro pequeño alcohol isopropílico de frotar al 70%. Sumerja las patas completamente en la solución alcohólica durante dos días, creando un bloqueo en el pelaje. Este alcohol deshidratará las células, matando hongos y bacterias. Aclare con agua limpia después de dos días. Mezcle un poco de bórax con agua en una proporción de 15 a 1. Puede utilizar agua caliente para que el bórax se disuelva rápidamente. Con sus propiedades antibacterianas y antifúngicas, el bórax deshidratará el tejido y la piel para preservar el pie. Asegúrese de sumergir completamente los pies en la mezcla, dejándola durante un día. Pasado un día, saque el pie de la mezcla para secarlo al sol. Límpielas con un cepillo y añada cuentas o cualquier adorno que desee. Las patas de conejo también pueden congelarse o secarse para hacer golosinas para perros.

Cola: Durante siglos, la cola de conejo se ha utilizado para polinizar flores. Esto se consigue atando la cola a un palo, frotándola sobre las flores masculinas y femeninas, y transfiriendo el polen. Además, la cola se utiliza para hacer llaveros, tiradores de cremalleras y golosinas para perros.

Sangre: La sangre de conejo se utiliza para hacer morcilla y salchichas. Puede utilizar la sangre de conejo para hacer embutidos y para espesar salsas. La sangre puede mezclarse con serrín para convertirla en aditivos para el suelo o mezclarse con agua y verterse alrededor de sus árboles, arbustos y bulbos para fertilizarlos.

Hígado: El hígado se utiliza para hacer paté de hígado y contiene bastante hierro. También sirve para alimentar a perros, pollos o cerdos en su forma cocida o cruda.

Riñón: Puede comer el riñón solo porque es nutritivo y sabroso o hacer con él un pastel de carne de conejo, relleno y salchichas. Además, puede alimentar a sus mascotas con el riñón crudo.

Corazón: El corazón del conejo puede servirle como fuente de oligoelementos, vitaminas del grupo B y coenzima Q-10. También puede alimentar con ellos a sus mascotas.

Pulmones: Puede alimentar con los pulmones a sus cerdos, pollos o mascotas, ya sea en su forma cruda o cocida.

Estómago/Páncreas: Puede utilizarlos como pienso para sus cerdos o perros.

Útero/Testículos: Se utilizan como pienso crudo para perros, pollos o cerdos.

Estiércol de conejo: Es conocido como el mejor fertilizante del mundo para su granja o jardín. Contiene aproximadamente un 2% de nitrógeno, un 1% de potasio y un 1% de fósforo.

Orina de conejo: La orina de conejo se mezcla con el agua en una medida de 10:1, combate los pulgones y fertiliza las plantas.

Huesos: Los huesos de conejo hacen abono para el fertilizante de harina de huesos y preparan un sabroso caldo de conejo.

Grasa: Sirve para hacer velas o jabón y puede convertirse en manteca de cerdo o alimentar a pollos y animales domésticos.

Intestinos: Puede utilizar los intestinos para alimentar a sus cerdos o perros o cavar un hoyo y enterrarlos, ya que actúan como abono para su tierra.

Uso general de todas las partes

Mientras que el mercado americano utiliza principalmente la carne y se deshace del resto, la gente de otras partes del mundo va más allá de la carne y ha encontrado un uso para cada parte del conejo. La carne de conejo le proporciona las proteínas necesarias para desarrollar sus músculos, pero los órganos, cuando se consumen, alimentan sus órganos. ¿Cómo? Los huesos de conejo, cuando se mezclan, pueden actuar como un elixir curativo que refresca su sistema digestivo. Los huesos y las articulaciones pueden mezclarse y convertirse en caldo de huesos.

Las partes sin clasificar de los conejos que no necesite pueden servir de alimento a sus mascotas o congelarse y venderse a otras personas que puedan necesitarlas crudas para sus mascotas. Los perros y gatos con alergias o problemas de salud deben alimentarse con conejos. Por eso la demanda de orejas, cabezas, órganos, carne y pieles de conejo es alta.

Las partes de los conejos y su carne suministran a los perros varias dietas crudas y con huesos de modelo de presa. Con los conejos, nada se desperdicia.

El pelaje del conejo

Todas las variedades de conejo tienen un pelaje texturizado que hace que destaque su producción de lana o piel [23]

¿Alguna vez ha admirado sus jerséis y apreciado la cálida lana? Sin saberlo, su gratitud también debería dirigirse al conejo. Durante siglos, la piel de conejo se ha utilizado para obtener lana, lo que ha dado lugar a un importante comercio de pieles. Cada variedad de conejo tiene un pelaje con una textura que hace que su producción de lana o piel sea excepcional. Existen diferentes métodos para eliminar el pelo de su conejo. El primer método consiste en quemar el pelaje del conejo con fuego. Otro método es utilizar agua caliente para pelar el pelaje del conejo. En tercer lugar, puede utilizar la técnica del cuchillo o sin cuchillo.

Utilizando el cuchillo

- Corte la cabeza del conejo o utilice un cuchillo para degollarlo. Es una de las formas más humanas de matar al conejo. Otra forma de realizar el trabajo es rompiendo el cuello del conejo para que no sufra.

- Justo por encima de las articulaciones de las patas del conejo, corte un anillo alrededor de cada pata. En este momento, las patas del conejo deben estar ensartadas en una cuerda. No corte profundamente la piel del conejo. Corte solo lo suficiente para llegar a la piel.

- Haga un solo corte en cada pata subiendo desde la anilla hasta las nalgas del conejo. Esto simplificará el desuello al final.

- Trabajando desde el corte en anillo que hizo antes en la pata hasta las nalgas o la zona genital del conejo, tire un poco de la piel. La piel debería desprenderse fácilmente a medida que tira.

- Ábrase paso a través del hueso de la cola haciendo un corte, asegurándose de no perforar o seccionar la vejiga de ninguna manera.

- Con ambas manos, empiece a tirar del cuero para separarlo del cuerpo del conejo. Como si pelara un plátano, la piel se desprende fácilmente en este punto.

- Donde está el brazo, introduzca los dedos en las mangas de la piel, sacando suavemente el brazo de la piel. Esto puede ser un reto al principio, pero no se rinda, ya que se hace más fácil a medida que sigue trabajando con los dedos a través de las mangas.

- Continúe tirando de la piel desde la parte superior del torso hasta la cabeza. Deje que la piel descanse en la base del cráneo.

- Separe la cabeza de la columna vertebral si no lo ha hecho en los primeros pasos. Con esto, la piel debería estar completamente separada de la carne restante del conejo.

- Rompa los huesos del brazo y la pata con las manos y, a continuación, retire completamente la piel de la articulación con el cuchillo.

- Guarde las pieles para curtirlas, según sea necesario, mientras adereza y limpia la carne.

Sin cuchillo

- Coloque la mano alrededor de la rodilla del conejo, empujando la articulación de la rodilla hasta que se salga de la piel, dejando al descubierto la carne. Empuje la rodilla en una dirección mientras tira de la piel en la dirección opuesta.

- Con el dedo, rodee la pata hasta que la piel se separe de la articulación.
- Mientras tira de la piel hacia abajo, concéntrese en tirar de la articulación de la rodilla hacia arriba hasta que se haya retirado la mayor parte de la piel de una de las patas. Este paso puede compararse a bajarse los pantalones (piel del conejo) y dejar al descubierto la piel.
- Haga lo mismo con la otra pierna.
- Por debajo de los genitales, mueva las manos bajo la piel que atraviesa el vientre. Retire la piel del vientre tirando de ella hacia dentro.
- Ponga las manos en la zona de las nalgas inmediatamente por encima de la cola y trabaje bajo la piel hasta la parte posterior del conejo.
- Tire de la piel con ambas manos hasta que llegue al brazo del conejo.
- Rompa la piel entre la cabeza y el brazo delantero con los dedos. Siga tirando de las mangas de la piel hacia arriba, alejándolas de la carne del brazo.
- La espina dorsal debe agrietarse donde conecta con la cabeza.
- Guarde la piel para curtirla o para otros usos mientras usted faena y limpia la carne.

El uso de agua caliente

- Corte la cabeza del conejo o estrangule el cuello para aliviar el dolor de la muerte.
- Ponga el conejo en un cuenco y vierta agua hervida en él. Asegúrese de verter el agua hirviendo sobre el cuerpo del conejo para que la piel pueda desprenderse fácilmente.
- Deje que el conejo permanezca en el agua caliente durante 10 minutos. Esto asegura que la piel del conejo esté bien empapada para ayudar a desprenderla del cuerpo.
- Empiece a arrancar el pelo del cuerpo del conejo. Esto debería ser fácil, ya que el agua ha empapado bien el pelaje.

- Compruebe que no queda pelo y que el cuerpo está liso pasando las manos por el cuerpo del conejo.

Esta técnica es para los que están más interesados en el aspecto de la carne que en el pelaje.

Cómo limpiar la piel del conejo

Cuando termine la fase de desollado de la piel, lávela con agua fría para que se enfríe enseguida. No se preocupe por el tejido o la grasa que quede en ella en este momento. Su esfuerzo debería emplearse mejor en lavar los restos de sangre que queden en la piel porque es muy probable que quede una mancha marrón permanente en el cuero si la sangre no se elimina adecuadamente durante esta fase. Si utiliza jabón o detergente, aunque no es necesario, asegúrese de que los restos de este limpiador se eliminan correctamente antes de pasar a la siguiente fase. Extraiga con cuidado el agua restante de la piel una vez que haya terminado el aclarado.

Otra forma de limpiar la piel es con una lavadora. Si existe la posibilidad de que trozos de pelo y grasa obstruyan la manguera de desagüe al utilizar una lavadora, evítela y, en su lugar, lave la piel a mano. Le permitirá examinar el pelaje de cerca. Cuando haya terminado de limpiar a fondo la piel, consérvela secándola en una camilla, salándola, secándola o congelándola.

Usos de la piel de conejo

He aquí algunos de los usos de la piel de conejo:

- Ropa
- Ropa de cama
- Relleno de muñecos de juguete
- Para hacer fieltro

Usos del estiércol de conejo en jardinería

¿Se puede utilizar el estiércol de conejo como abono en el jardín?

El estiércol de conejo es una forma excepcional de abono. Tiene un alto nivel de nutrientes, puede utilizarse fresco y no quema las raíces de las plantas como otros estiércoles. Es justo el acondicionador del suelo adecuado para utilizar en cualquier jardín.

He aquí algunas ventajas de su uso:

Rico en nutrientes: El estiércol de conejo es dos veces más rico que el de pollo y contiene cuatro veces más nutrientes que el de caballo o vaca.

Fácil de trabajar: El estiércol de conejo no tiene el mismo olor ofensivo que otros tipos de estiércol. Al estar en forma de pequeñas paletas redondas, puede manipularlo fácilmente y aplicarlo a su jardín. También es más seco en comparación con el estiércol de pollo.

Puede utilizarse fresco: Puede aplicar el estiércol de conejo directamente a su jardín sin necesidad de realizar un compostaje previo. Otros estiércoles, como el de gallina, vaca y caballo, deben compostarse antes de considerarse listos. Si los utiliza frescos, pueden quemar las raíces de sus plantas. Estos estiércoles deben estar bien descompuestos, lo que lleva hasta tres meses.

Versátil: Los gránulos de estiércol de conejo se utilizan en parterres ornamentales y huertos. Además, son una rica fuente de nitrógeno para poner en marcha una pila de compost y se utilizan para recebar el césped.

Sin semillas de malas hierbas: El estiércol de conejo suele obtenerse de conejos domésticos no alimentados con semillas de malas hierbas viables. Este estiércol se extrae de debajo de las conejeras donde se alojan los conejos de compañía. Dado que el estiércol de oveja es tan maleza, el estiércol de conejo está libre de malas hierbas cuando se utiliza en su jardín. Asegúrese de que su material de cama para conejos no se acerque al estiércol, por eso es mejor utilizar materiales de cama libres de malas hierbas.

El estiércol de conejo es asequible: El precio es otra maravillosa ventaja de utilizar estiércol de conejo en jardinería. Puede conseguirlo a nivel local o comercial a través de puntos de venta en línea.

El estiércol de conejo es seguro: El estiércol de conejo puede utilizarse alrededor de las mascotas y las plantas de la casa sin ponerlas en peligro con enfermedades zoonóticas.

El estiércol de conejo es un fertilizante 2-1-1: Una de las principales ventajas de utilizar estiércol de conejo es que es un fertilizante 2-1-1. Se compone de nitrógeno, potasio y fósforo.

Esta composición es perfecta para fomentar el crecimiento sano de las plantas. Sus beneficios para las plantas se aprecian desde la siembra hasta la cosecha, ya que aporta los nutrientes necesarios para un ciclo de crecimiento resistente.

Estos macronutrientes son vitales en el estiércol de conejo:

- **Nitrógeno:** Es necesario para el crecimiento vegetativo de hojas verdes.

- **Fósforo:** Es necesario para la fructificación, el crecimiento del tallo y la formación de raíces.

- **Potasio:** Es necesario para la maduración de los frutos, la floración y la resistencia a las enfermedades.

Estiércol de conejo como acondicionador del suelo: El estiércol de conejo es un buen acondicionador del suelo. Como fuente de materia orgánica, mejora la retención de la humedad y el drenaje, así como la estructura del suelo cuando se entierra en él. Debido a su nivel de nutrientes, las lombrices de tierra y los microorganismos se benefician del estiércol de conejo.

El uso de huesos y órganos de conejo

El uso de los órganos de conejo

Los órganos de conejo se consideran el alimento lleno de nutrientes de la naturaleza. La razón es que su consumo aporta muchos beneficios para la salud. El hígado de conejo tiene un tamaño razonable y un sabor entre suave y moderado. Combinado con otros órganos como el corazón y el riñón, resultan sabrosos cuando se fríen con beicon y cebolla. Puede asar los órganos con cebolla y ajo, triturarlos hasta hacer una pasta y untarlos en galletas saladas.

He aquí los órganos del conejo y su contenido en proteínas y nutrientes vitales necesarios para su organismo.

- **Riñón:** Es rico en zinc, vitaminas A, D, E, K, magnesio, hierro, folato y vitaminas del grupo B, incluida la B12.

- **Hígado:** Es rico en potasio, zinc, vitaminas A, B2, B6, B9, B12, D, C, E, calcio, magnesio, fósforo, niacina, folato, colina, cobre y hierro.

- **Corazón:** Contiene vitaminas B6, B12, folato, hierro, fósforo y cobre. Estos son algunos de los beneficios que se obtienen del consumo de órganos de conejo.

El uso de los huesos de conejo

Los huesos de conejo son ricos en potasio, calcio, magnesio, fósforo y otros minerales necesarios para desarrollar y nutrir sus huesos. Además, los huesos de conejo mejoran la salud de las articulaciones.

El hueso de conejo es una base de sabor perfecta para caldos, consomé, caldo y mucho más. Este hueso produce un caldo sedoso y con cuerpo, un buen potenciador del sabor de las recetas. Es sabroso cuando se toma solo. Puede hervir sus huesos de conejo o asarlos para aumentar su sabor. El caldo de conejo, en cualquier receta, puede sustituir al agua.

Si desea esa capa extra de sabor cuando prepare patatas, arroz, lentejas o alubias, considere la posibilidad de incluirlo en su plato y tenerlo en su despensa como un importante potenciador del sabor.

La analogía de tener su pastel y comérselo, en este caso, es que usted disfruta tanto de la carne como de sus subproductos porque los beneficios de todas las partes del conejo pesan más en comparación con solo la carne. Así que, la próxima vez que descuartice un conejo, sepa que la piel, la cola, la cabeza, los excrementos, etc., no son solo desechos. Pueden rendir más de lo que se imagina.

Capítulo extra: Cría responsable de conejos: Ética y normativa

¡Enhorabuena! Ha recorrido un largo camino. Ahora es plenamente consciente de lo que necesita saber y tener cuando cría conejos para carne. Sin embargo, aún hay algunas cosas que añadir: la ética y la normativa que rigen la cría de conejos.

Criar animales para la alimentación conlleva mucha responsabilidad. Como agricultor, depende de usted asegurarse de que sus conejos vivan felices y sanos y sean tratados con humanidad. Tendrá que tomar decisiones difíciles sobre cuántas camadas criar, cómo despachar a los conejos de forma humanitaria y cómo vender o distribuir la carne de forma legal y ética.

Criar conejos para carne no es un pasatiempo; tampoco son conejos simples mercancías que se envían para obtener comida o ingresos. Es un negocio que requiere compasión y empatía.

La responsabilidad moral de criar animales para la alimentación

Éticamente, criar conejos para carne es una gran responsabilidad. Poniendo el esfuerzo necesario para mantener a sus animales sanos y felices y esforzándose por proporcionarles una vida y una muerte buenas y humanas, podrá disfrutar de los frutos de su trabajo con la conciencia tranquila. Hay algunas cosas clave a tener en cuenta, que implican:

• Investigar

Conozca las necesidades de sus conejos y asegúrese de que puede comprometerse a satisfacerlas. El alojamiento, la nutrición, el manejo y la atención sanitaria adecuados no son opcionales. Por lo tanto, investigue la normativa relativa a la cría, el alojamiento y las normas sobre la venta de carne en su zona. Cuanto más sepa, mejor podrá cuidar de sus conejos.

Conozca las necesidades de sus conejos y asegúrese de que puede comprometerse a satisfacerlas [23]

• Centrarse en el bienestar

Sus conejos deben tener buenas condiciones de vida, oportunidades para hacer ejercicio, comida de calidad y atención veterinaria. Vigílelos a diario para detectar signos de angustia o enfermedad y actúe con rapidez. Manéjelos con suavidad y muévalos con calma para evitar el estrés. Asegúrese de que cualquier equipo utilizado para su cuidado tiene el tamaño y el mantenimiento adecuados. El bienestar de sus conejos debe ser la máxima prioridad.

• Comprometerse con la cosecha responsable

Cuando llegue el momento de descuartizar a su conejo, utilice los métodos más humanos que pueda, asegurando así una muerte rápida e indolora. Disponga de un plan y de las herramientas adecuadas para el sacrificio. Recuerde que estos animales le han proporcionado sustento a usted y a su familia, por lo que merecen su máximo respeto, incluso al final de sus vidas.

Proporcionar un buen nivel de bienestar y un trato humanitario

Proporcionar un alto nivel de bienestar y trato humano a sus animales no es negociable como cunicultor responsable. Los conejos son criaturas vivas que sienten dolor, miedo y angustia, por lo que merecen su compasión.

Asegúrese de que sus conejos disponen de un alojamiento espacioso y bien ventilado que les proteja de las inclemencias del tiempo. Proporcióneles oportunidades para moverse libremente y mucha estimulación mental. Aliméntelos con una dieta sana y deles acceso constante a agua fresca y limpia. Asegúrese de que sus conejos son vigilados a diario y llevados al veterinario en cuanto sea necesario.

Habiendo criado usted mismo a estos conejos, es justo que los sacrifique de la forma menos dolorosa y más rápida posible. La opción más ética para sacrificar conejos es la dislocación cervical (rotura del cuello), realizada por un operario experto. Algunos granjeros prefieren contratar una unidad móvil de sacrificio para aturdir y matar a los conejos in situ. Sea cual sea el método que elija, asegúrese de que provoca una muerte rápida e indolora.

También existen normativas en torno a la cría, alojamiento, transporte y venta de conejos y carne de conejo que debe cumplir. Investigue las leyes de su ciudad, condado y estado para asegurarse de que se mantiene dentro de los límites legales en cuanto al número de conejas y camadas permitidas y los requisitos para la venta de carne. Algunas zonas pueden exigir permisos, licencias o inspecciones.

Como administrador responsable de los animales y el medio ambiente, debe proporcionar un buen bienestar a los conejos, utilizar prácticas de cría sostenibles y cumplir todas las normativas. Al hacerlo, se sentirá orgulloso de producir alimentos nutritivos de forma amable y moral.

Leyes relevantes: Ley de Bienestar Animal

Comprender la normativa legal y las responsabilidades éticas de la cría de conejos debe ser una prioridad para los criadores de conejos. La Ley de Bienestar Animal establece normas para el cuidado y tratamiento humanitario de los conejos. Tratar a los conejos de forma humanitaria no es solo cuestión de normas. También se trata de crear un mundo mejor para sus amigos peludos.

Estas normas muestran cómo deben alojarse, manipularse y recibir atención médica los animales en los laboratorios o en las vibrantes arenas de los circos y zoológicos. Aunque la Ley de Bienestar Animal da prioridad a los animales utilizados para investigación, exhibición y entretenimiento, también tiende una red protectora sobre todas las criaturas, incluso sobre nuestras queridas mascotas. Esta Ley es un recordatorio de que la propiedad responsable y el cuidado atento se extienden a todos los rincones del reino animal.

La Ley de Bienestar Animal no es solo un documento legal; es un compromiso con la compasión. Llama a los ganaderos a abrazar la empatía y la bondad. Al familiarizarse con su contenido, se está comprometiendo a mantener una ética y unas normas decentes en la cría de conejos.

Varios estados tienen leyes adicionales para la cría de conejos. Estas leyes cubren las prácticas de cría, la venta de carne y la crueldad animal. Como criador de conejos, tiene que entender estas leyes y reglamentos; seguirlas cuidadosamente le ayudará a asegurarse de que dirige una operación ética y responsable. Por ejemplo, algunos estados prohíben la venta de carne no inspeccionada, incluida la de conejo. Es vital que se informe de las normativas locales.

Éticamente, como cunicultor, debe comprometerse con prácticas de cría responsables y humanitarias que respeten las necesidades básicas y los comportamientos naturales de los conejos. Algunos principios clave incluyen

- **Proporcionar un buen bienestar**

Mantener a los conejos sanos, darles espacio para hacer ejercicio y practicar el adiestramiento con refuerzo positivo.

- **Prevenir el sufrimiento**

Trate rápidamente las heridas o enfermedades, manipule y transporte a los conejos con cuidado y utilice métodos de sacrificio no crueles.

- **Honrar su vida natural**

Dé a los conejos oportunidades para socializar, buscar comida, escarbar y jugar. Enriquezca su entorno con túneles, juguetes y otros estímulos.

- **Utilizar prácticas sostenibles**

Considere la cría por rusticidad, capacidad de maternidad y otros rasgos útiles. Evite la cría excesiva.

Siguiendo estas pautas y manteniendo unos elevados estándares de cuidado, se sentirá seguro de estar actuando con integridad como criador de conejos.

Normativa sobre cría

La mayoría de las zonas tienen normativas sobre la cría de conejos para evitar la superpoblación y garantizar unas buenas prácticas de cría. Estas pueden limitar el número de camadas que una coneja puede tener al año y prohibir condiciones de enjaulamiento inhumanas. Algunos estados exigen que los criadores tengan licencia y sean inspeccionados.

Normativa sobre la venta de carne

Para vender carne de conejo, debe conocer la normativa sobre producción y venta de alimentos de su zona. Estas suelen cubrir:

- **Licencias e inspecciones**

La mayoría de los lugares exigen una licencia para vender carne e inspecciones periódicas de sus instalaciones.

- **Requisitos de procesamiento**

La carne debe procesarse en un matadero con licencia o en una instalación personal aprobada por el gobierno. Además, debe seguir las normas específicas que rigen el sacrificio y la manipulación humanitarios.

- **Envasado y etiquetado**

La carne debe estar correctamente envasada, etiquetada y refrigerada o congelada para garantizar su seguridad y permitir su trazabilidad. Las etiquetas proporcionan información como el peso, los ingredientes, los datos del productor y la fecha de caducidad.

- **Leyes de zonificación**

Estas leyes regulan dónde puede criar, criar, procesar y vender conejos en su comunidad. Consulte con las autoridades locales los requisitos de su zona.

Consideraciones adicionales

Se aplican otras normativas, como el transporte de conejos, la importación de nuevos reproductores, el uso de productos farmacéuticos y la eliminación de residuos. Es una buena idea consultar con organizaciones como el Departamento de Agricultura de Estados Unidos (USDA), la Administración de Alimentos y Medicamentos de Estados Unidos (FDA) y la Asociación Americana de Criadores de Conejos para conocer las últimas normas, reglamentos y recomendaciones a seguir.

Requisitos de licencia para las granjas comerciales de conejos

Existen ciertas normas de licencia que debe seguir como cunicultor comercial. Sin embargo, varían en cada país y región.

En EE. UU., el Departamento de Agricultura de los Estados Unidos (USDA) supervisa las regulaciones para las granjas comerciales de conejos. Las explotaciones con más de 3.000 conejos deben obtener una licencia, registrarse en el USDA y cumplir unas normas mínimas de cuidado según la Ley de Bienestar Animal. Las granjas con licencia están sujetas a inspecciones sin previo aviso para comprobar la salud, el alojamiento y el manejo humanitario de los conejos.

Algunos de los requisitos clave para las granjas comerciales incluyen:

- Proporcionar a cada conejo espacio suficiente para estar de pie, tumbarse y darse la vuelta libremente.

- Acceso diario a comida y agua limpias.

- Sistemas adecuados de calefacción, refrigeración, ventilación e iluminación.

- Limpieza y desinfección periódicas de los recintos para mantener sanos a los conejos.

- Manipulación y cosecha de los conejos según las directrices del Instituto Americano de la Carne.

Además de las normas de bienestar animal, existen requisitos estrictos para la venta de carne de conejo para consumo humano. Entre ellos se incluyen:

- La carne debe procesarse en una instalación autorizada que siga los procedimientos adecuados de saneamiento y seguridad alimentaria.

- Las granjas deben mantener registros detallados para rastrear el origen y la distribución de toda la carne vendida.

Como granjero responsable, siga cuidadosamente todas las normativas y manténgase al día de cualquier cambio en las mismas. Establezca relaciones positivas con los inspectores y los responsables políticos. Además, recuerde siempre que las normativas existen para proteger el bienestar de sus animales, la seguridad de los consumidores y la sostenibilidad de su granja. Cumplirlas es clave para dirigir una explotación ética.

Transportar y manipular conejos de forma legal y ética

Transportar y manipular sus conejos de forma ética y responsable no solo es vital para su bienestar, sino también un requisito legal. Su deber moral como cunicultor es proporcionar cuidados humanitarios a sus animales durante todas las etapas de su vida, incluso cuando tenga que trasladarlos o manipularlos.

Cuando transporte sus conejos, debe seguir estas normas:

- **Proporcionar comida, agua y periodos de descanso**

En tránsito, los conejos deben tener acceso a comida al menos cada 12 horas, agua cada seis horas y periodos de descanso de cinco horas.

- **Utilice recintos adecuados**

Las jaulas de transporte deben estar construidas para proteger a los conejos de lesiones, contener los desechos y permitirles ponerse de pie, tumbarse y darse la vuelta. Los suelos de alambre están prohibidos.

- **Protección contra el clima extremo**

Los vehículos de transporte deben mantener temperaturas entre 45 y 85 grados Fahrenheit. Los conejos deben estar a la sombra y tener ventiladores/aspersores en climas cálidos.

- **Garantizar un manejo humanitario**

Los conejos deben manipularse con suavidad. No los sujete nunca por las orejas; utilice en su lugar zonas de agarre sobre el lomo y la grupa. Está estrictamente prohibido dejar caer, patear o lanzar a los conejos.

Cuando manipule y traslade a sus conejos en la granja, sea extremadamente cuidadoso. Los conejos pueden estresarse, asustarse y lesionarse con facilidad si no se les maneja adecuadamente. Muévalos despacio y con confianza, apoyando todo su cuerpo. Nunca los persiga ni haga movimientos bruscos ni ruidos fuertes a su alrededor.

Siguiendo estas normas y utilizando prácticas humanitarias en sus operaciones, criará conejos felices y sanos y construirá un negocio sostenible. Sus clientes apreciarán saber que su carne procede de animales bien cuidados.

Sacrificar conejos de forma humanitaria: Métodos y normas

Una vez que sus conejos estén listos para el sacrificio, es vital hacerlo de forma humanitaria y utilizar métodos que cumplan la normativa.

- **Dislocación cervical**

Es el método más común de sacrificio de conejos. Consiste en romper rápidamente el cuello para seccionar la médula espinal, lo que mata al conejo al instante. Se requiere una formación adecuada para realizar esta técnica de forma humana y eficiente. Sin embargo, está prohibida en algunas zonas, así que consulte la normativa local.

- **Aturdimiento eléctrico**

El aturdimiento eléctrico es otra opción. Este método utiliza una corriente de bajo voltaje para aturdir al conejo antes de desangrarlo. Se requiere equipo especializado y existen directrices estrictas sobre voltaje, amperaje y duración del aturdimiento. Cuando se hace correctamente según la ley, este método se considera humanitario.

- **Despacho por bala**

En las granjas pequeñas, el disparo de bala está permitido y se considera humanitario cuando lo realiza un tirador experto con el arma de fuego y la munición adecuadas. Sin embargo, muchas zonas prohíben la descarga de armas de fuego y tienen normativas adicionales sobre almacenamiento, licencias, ruido y responsabilidad, que deben tenerse en cuenta.

Directrices para el sacrificio humanitario

- Dejar al animal inconsciente e insensible al dolor inmediatamente.
- No sujete al animal de forma que le cause heridas o dolor antes de la inconsciencia.

- Compruebe que el animal está inconsciente y que no recupera el conocimiento antes de morir.

- Desangre al animal tan pronto como esté inconsciente para asegurar su muerte.

- Proporcione una formación adecuada a cualquier persona que lleve a cabo métodos de sacrificio humanitario.

- Siga todas las leyes locales, estatales y federales relativas al sacrificio humanitario y a la seguridad alimentaria.

Sus conejos se merecen un final rápido y sin dolor, y sus clientes se merecen una carne segura y producida de forma humanitaria. Con diligencia y compasión, puede conseguir ambas cosas.

Cómo deshacerse de los restos de los conejos de forma adecuada y legal

Deshacerse adecuadamente de sus conejos tras el sacrificio es vital por razones legales y sanitarias. Como ganadero, debe manipular los restos correctamente.

Métodos adecuados de eliminación

Los métodos más comunes para deshacerse de los restos de los conejos son el enterramiento, la incineración y el compostaje. Enterrar los restos a una distancia mínima de 60 cm de las fuentes de agua es aceptable en muchas zonas. Sin embargo, algunos lugares tienen normas que prohíben enterrar al ganado muerto, así que compruebe las ordenanzas locales.

Incinerar los restos en un incinerador autorizado también es una opción. Sin embargo, el equipo para este método puede ser caro, y pueden requerirse permisos. Compostar los restos en un contenedor de compostaje seguro con materiales marrones ricos en carbono como serrín, paja y hojas es un método sostenible, pero los restos pueden tardar entre 6 y 12 meses en descomponerse por completo. El compost no debe utilizarse en cultivos alimentarios.

Normativa y leyes de zonificación

La mayoría de las zonas prohíben verter los restos de los conejos en vertederos, cursos de agua y zonas abiertas. Existen leyes estrictas sobre la eliminación del ganado muerto para evitar la propagación de enfermedades y plagas. Es importante conocer la normativa de su ciudad o condado para evitar fuertes multas o problemas legales. Las leyes de zonificación también pueden prohibir el compostaje y la incineración de restos en zonas residenciales. Consulte siempre con las autoridades locales qué métodos de eliminación están permitidos y los permisos necesarios en su propiedad.

Una obligación ética

Como cunicultor, trate los restos como le gustaría que trataran los suyos. Mantener registros de la eliminación, el compostaje y la incineración a temperaturas suficientemente altas y proteger adecuadamente los restos de plagas y depredadores son prácticas de eliminación responsables y éticas. La forma en que maneja los restos dice mucho de su nivel de cuidado y respeto por los animales a su cargo. Haga lo correcto por sus conejos incluso después de que se hayan ido.

Ahí lo tiene: los entresijos de una cunicultura responsable y regulada. Usted es responsable del bienestar de sus animales y debe operar legal y éticamente como cunicultor. Proporcione buenos cuidados, un manejo humanitario y un entorno de vida sostenible. Infórmese sobre la normativa y reflexione detenidamente sobre la ética de criar animales para la alimentación.

Con diligencia y compasión, puede criar conejos de forma responsable sin perder de vista su deber moral hacia ellos [24]

Con diligencia y compasión, puede criar conejos de forma responsable sin perder de vista su deber moral hacia ellos. Criar animales es una gran responsabilidad, pero si se hace correctamente, puede ser una experiencia gratificante para usted y su comunidad. Cuanto mejor conozca las prácticas de cría éticas, mejor preparado estará para tomar buenas decisiones y dar un ejemplo positivo.

Conclusión

Al concluir su aprendizaje de la cría de conejos para carne, debe abordar un sentimiento con el que mucha gente ha lidiado: la innegable ternura de estas criaturas peludas. Es completamente normal sentir una punzada de vacilación cuando se trata de sacrificar animales que ha cuidado. Sin embargo, como ha visto a lo largo de esta guía, las consideraciones prácticas y las ideas valiosas pueden ayudarle a encontrar un equilibrio entre sus emociones y sus objetivos.

Como cualquier aspecto de la agricultura familiar, la cría de conejos conlleva sus propios retos y recompensas. Elegir la raza adecuada para sus necesidades específicas es la base del éxito. Ya sea para la producción de carne o para rasgos específicos, comprender las características de la raza es clave. Proporcionar un alojamiento, una nutrición y unos cuidados médicos adecuados contribuye en gran medida a garantizar que sus conejos lleven una vida sana y productiva. Recuerde que criar conejos no solo tiene que ver con las necesidades físicas, sino también con el bienestar emocional. Pasar tiempo de calidad con sus conejos, observar sus comportamientos y crear un entorno libre de estrés puede contribuir significativamente a su salud y satisfacción general.

Cuando llega el momento de la transformación, es esencial abordarla con respeto y compasión. Emplear técnicas de cosecha humanitarias y utilizar la mayor parte posible del conejo demuestra un compromiso con las prácticas éticas. Aunque el camino de la cunicultura para carne es indudablemente gratificante, es crucial tener cuidado y ser consciente de los peligros potenciales. Mantener un régimen riguroso de prevención de enfermedades no es negociable. Los conejos son susceptibles a diversas enfermedades, por lo que mantenerse informado sobre los posibles riesgos para la salud y aplicar medidas preventivas puede ahorrarle disgustos en el futuro.

La cría debe abordarse siempre con un propósito claro y el compromiso de mejorar la raza. Criar en exceso o no tener en cuenta los factores genéticos puede provocar problemas de salud no deseados en las generaciones futuras. Emocionalmente, prepararse para la cosecha es un aspecto que no puede pasarse por alto. Está bien tener sentimientos encontrados, pero reconocer y reconciliar estas emociones es esencial para mantener una perspectiva saludable.

Enfoque cada paso de este viaje como una oportunidad para aprender y crecer. Habrá éxitos y desafíos, cada uno de los cuales contribuirá a su experiencia y pericia. Intente crear un equilibrio entre su conexión emocional con los conejos y el propósito práctico que tienen. Recuerde que criar animales para carne es una elección responsable que contribuye a la sostenibilidad y la autosuficiencia.

Segunda Parte: Cría de Patos

La Mejor Guía para la Cría Saludable de Patos para Huevos, Carne y Compañía con Consejos para Elegir la Raza Adecuada y Construir el Corral para Principiantes

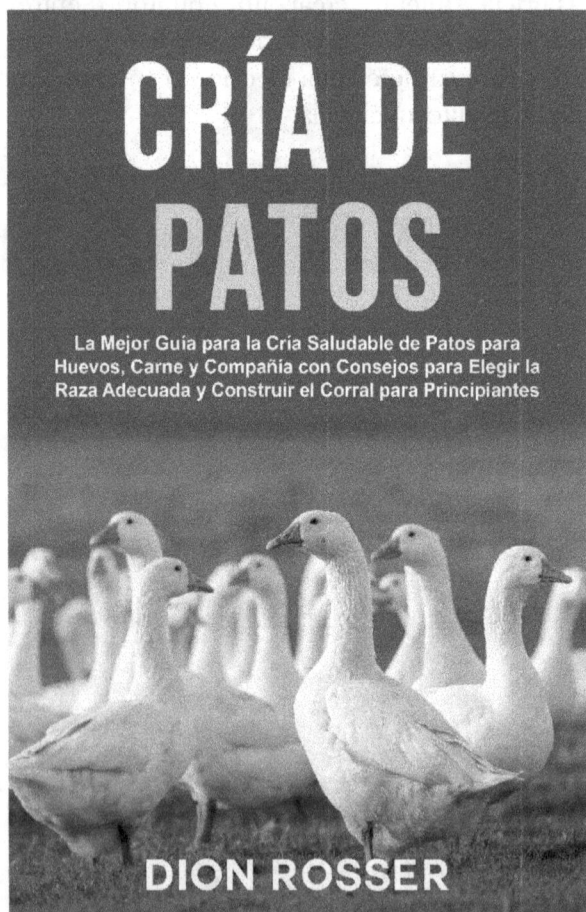

Introducción

Cuando te imaginas una típica granja, probablemente pienses en unos pocos animales, como gallinas o vacas, acaparando todo el protagonismo. Rara vez se ven patos y gansos. Pero, ¿por qué no? Imagínate unos patitos felices chapoteando en un pequeño estanque. ¿A quién no le gustaría eso?

Si alguna vez has soñado con tener tu propia granja, puede que se te haya pasado por la cabeza la idea de criar gallinas. Las gallinas suelen elegirse por sus huevos y su compañía, pero ¿has pensado alguna vez en añadir patos a la mezcla? Los patos pueden ser una interesante y gratificante incorporación a tu granja, y ofrecen un conjunto único de beneficios y alegrías que podrían sorprenderte.

Uno de los aspectos más agradables de la cría de patos es su producción de huevos. Los patos son conocidos por ser excelentes ponedores y, de hecho, pueden superar a las gallinas en este aspecto. Con los patos, puedes tener un suministro constante de huevos, que son deliciosos y más grandes que los de las gallinas. Es una experiencia gratificante que puede dar un toque único a la mesa del desayuno.

Curiosamente, los patos fueron en su momento los principales proveedores de huevos. Sin embargo, las gallinas ganaron popularidad debido a su adaptabilidad a los métodos de cría intensiva. A pesar de este giro, los patos siguen siendo una fantástica opción para la producción de huevos a pequeña escala, especialmente si buscas una selección de huevos más diversa.

Más allá del ámbito de los huevos, los patos ofrecen algunas ventajas únicas sobre las gallinas. Una de ellas es su talento natural para el control de plagas. Son excelentes buscando comida y pueden mantener a raya las plagas. A diferencia de las gallinas, no remueven el suelo ni ensucian, lo que los convierte en una valiosa incorporación al equipo de mantenimiento del jardín. Son las mascotas de bajo mantenimiento del mundo avícola. Son muy buenos hurgando en la huerta y cazando babosas y otros bichos.

Además, el cuidado de los patos es sorprendentemente sencillo, lo que lo hace aún más atractivo tanto para los granjeros principiantes como para los experimentados. Aunque un estanque puede ser una magnífica adición a tu granja, no es un requisito absoluto para criar patos. Se conforman con fuentes de agua más pequeñas, como una piscina infantil o un recipiente poco profundo. Esta adaptabilidad aumenta su encanto y hace que sean relativamente fáciles de incorporar a la granja.

Antes de sumergirte en el mundo de la cría de patos, debes tomar algunas medidas prácticas. Consulta a las autoridades locales para asegurarte de que los patos están permitidos en tu zona. En la mayoría de los lugares no hay ningún problema con un pequeño número de patos, pero siempre es buena idea asegurarte de que cumples las normas. Si tienes vecinos cerca, también es un gesto de cortesía comentarles amistosamente tus planes.

Capítulo 1: Los beneficios de criar patos

Los patos no son los primeros animales que vienen a la mente cuando se piensa en criar ganado. La gente suele imaginarse criando pollos, cerdos o vacas. Normalmente te preguntan si eres una persona de perros o gatos, nunca de patos. La interacción de la sociedad con los patos se limita a estampados en pijamas infantiles, dibujos animados de Disney y, de vez en cuando, a darles de comer en el parque. Aparte de ser ridículamente simpáticos, son aves que se pasan por alto y que pueden ser un magnífico complemento para la familia o el hogar.

Además de ser ridículamente adorables, los patos pueden ser un maravilloso complemento para una familia o una granja [25]

Existen muchas variedades de patos y pueden criarse por diversos motivos, como la producción de carne, huevos y fertilizantes. Además, estas aves tan inteligentes son excelentes compañeros. Algunos terapeutas han recomendado los patos como animales de apoyo emocional porque pueden conectar con las personas. Los humanos han tenido una larga relación con los patos domesticados que se remonta a más de 500 años. Sólo por eso, no tendrás ningún problema en investigar qué es lo mejor para estas aves.

Los patos tienen una serenidad única y grácil que puede ser sobrecogedora. Se parecen a los perros en que pueden formar vínculos significativos. Uno de los fenómenos más comunes registrados entre las especies de patos en lo que respecta a los vínculos afectivos es la impronta que dejan los patitos al nacer. Si eres el primer ser vivo que un pato ve moverse después de salir del huevo, te tomará como huella y te seguirá a todas partes como si fueras su madre. Como organismos sociales, los humanos comparten un parentesco con los patos que lleva a un entendimiento entre especies.

Los patos son fuente de carne y huevos y pueden ser muy beneficiosos para el ecosistema de una granja. Los patos silvestres comen insectos, caracoles y malas hierbas. Pueden utilizarse como parte de un sistema de permacultura que limite el uso de pesticidas. Al minimizar el uso de pesticidas en la agricultura, los patos pueden ayudar a los agricultores en su transición hacia formas más limpias de producir alimentos al disminuir la contaminación del suelo y el agua. Además de controlar las plagas, los patos pueden producir abono natural y compost.

Si te abres a la posibilidad de una coexistencia beneficiosa con los patos, entrarás en un mundo nuevo y enriquecedor. Una vez que aprendas las nociones básicas y puedas poner en práctica los principios clave de la cría de patos, las recompensas serán cada vez más evidentes. Dar el salto puede ser una de las decisiones más enriquecedoras de tu vida. Además, los patos requieren relativamente poco cuidado, por lo que no te romperás la espalda cuidándolos. El bajo esfuerzo, unido a los innumerables beneficios, es una vía favorable que vale la pena explorar si estás pensando en adquirir un nuevo animal.

El placer de criar patos

Uno de los aspectos más destacados de la cría de patos es el placer que puede provocar. Imagínate al anciano leyendo el periódico en el parque, lanzando tranquilamente trozos de pan a los patos que pasan. ¿No te produce esa imagen una relajación inmediata? Hay algo realmente enraizante en la interacción con los patos. La paz mental que se siente al relacionarse con los patos es indescriptible. No lo entenderás del todo hasta que experimentes el milagro de criar a un pato desde que era un patito esponjoso y amarillo hasta su madurez. La naturaleza social de los patos les permite formar vínculos profundos, que son muy satisfactorios para los humanos que comparten un impulso similar por mantener relaciones.

Los patos son hermosos a la vista. Los hay de todas las formas, tamaños y colores. Sentarse y absorber su majestuosidad facilita un profundo sentimiento de gratitud por el mundo natural. No hay nada como ver a un grupo de patitos seguir a su madre en un estanque. La forma en que se deslizan sobre el agua es espléndidamente satisfactoria. Los patos parecen tener un aura inexplicablemente acogedora que te hace querer estar cerca de ellos, sobre todo cuando empiezas a interactuar con ellos regularmente. No puedes entender del todo lo que significa criar patos hasta que compartes un espacio con ellos.

La tranquilidad que se obtiene al conectar con los patos es indescriptible[26]

Si crías patos para huevos y carne, la sensación de criar tus productos desde el nacimiento es mágica. Comer tus propios alimentos es un mundo aparte de comprar comida envuelta en plástico en el supermercado. La antigua tradición de criar animales domésticos tiene algo de primitivo. Es como si tu memoria ancestral se activara, vinculándote con el largo linaje de personas que utilizaron la agricultura para impulsar la civilización. A medida que la humanidad se adentra en la próxima era de la agricultura, en la que la preocupación por el medio ambiente ocupa un lugar central, la cría de patos parece ser el camino a seguir para una producción avícola consciente.

La cría de patos para la producción de huevos y carne también tiene ventajas económicas. El mercado del pato sigue creciendo, y hay margen para una mayor expansión, ya que la cría de pavos y pollos sigue estando muy por delante de la de patos. Este mercado relativamente sin explotar, en comparación con otras carnes de aves de corral, tiene potencial para expandirse, sobre todo teniendo en cuenta la gran variedad de entornos en los que pueden prosperar los patos y su resistencia. La satisfacción de obtener beneficios puede ser un factor motivador para iniciar tu actividad de cría de patos.

Producción de huevos y carne

Una de las principales ventajas de criar patos son la carne y los huevos que puedes recoger. Los huevos de gallina se comen en casi todos los hogares, pero los de pato son igual de deliciosos. Lo bueno de los patos es que son especies que pueden superar exponencialmente a las gallinas. Resulta desconcertante que no haya más granjas que se dediquen a la producción de huevos de pato. No ponen huevos a diario, pero se pueden obtener más de 300 huevos de un pato en un año. Unos cuantos patos pueden eliminar por completo la necesidad de comprar huevos en un supermercado. También podrás vender el excedente. Los patos pueden criarse junto con las gallinas, así que no tienes por qué abandonar por completo la idea de la cría de gallinas. Puedes introducir variedad en tu consumo de huevos combinando patos y gallinas.

En general, los patos son más sanos que las gallinas, por lo que tendrás menos problemas relacionados con las enfermedades. Los patos también están más preparados para sobrevivir en invierno gracias a sus capas de grasa y su grueso plumaje. Algunas especies pueden incluso dormir al raso bajo la lluvia y la nieve. Sorprendentemente, los patos soportan mejor el calor que las gallinas. Aunque tanto las gallinas como los patos son ruidosos, los patos suelen ser más tranquilos a lo largo del día. Si bien pueden ser ruidosos, sus graznidos no son constantes.

La mayoría de la gente consume huevos de gallina, pero los de pato son mejores en muchos aspectos. El mayor contenido en grasa de los huevos de pato les da un sabor más intenso. Además, los huevos de pato son más grandes, por lo que no sólo se obtienen más en número, sino también en cantidad. Muchos pasteleros prefieren los huevos de pato porque su alto contenido en grasa puede ser mejor para las recetas de repostería. Por lo tanto, la superioridad de los huevos de pato debería impulsarte a adoptar esta nutritiva fuente de proteínas. El notable cambio de los huevos de gallina a los de pato hará que te preguntes por qué no empezaste a criar patos hace años.

La carne de pato es una magnífica fuente de proteínas. Teniendo en cuenta los problemas de obesidad que padece el mundo occidental, cambiar la carne roja por la de pato puede salvarnos la vida. Además de proteínas, la carne de pato es una excelente fuente de hierro. Comer una ración de carne de pato puede aportarte la mitad de la ingesta diaria de hierro. Esta carne rica en nutrientes también contiene vitaminas del grupo B, que ayudan a mantener sanos el pelo, la piel y los músculos. La carne de pato tiene menos grasa que la de pollo, por lo que puede ser útil para las personas preocupadas por su salud y para quienes van al gimnasio.

Casi todas las partes del pato son comestibles, y las que no se pueden comer siguen siendo útiles, como las plumas o las vísceras. Por lo tanto, si crías patos para producir, no desperdiciarás nada. La gente come todo tipo de carne de pato, incluidos el hígado y las mollejas. El hígado de pato está considerado un manjar en muchas partes del mundo por su especial untuosidad. Su carne puede comerse con arroz y verduras para una comida abundante y sana. Se puede preparar de varias formas, como a la barbacoa, asado o incluso en guiso.

La carne de pato tiene más vitaminas y minerales y menos colesterol que la de pollo, lo que la convierte en una opción más sana. En muchas partes del mundo hay crisis de obesidad y enfermedades relacionadas con la alimentación, como la diabetes y la hipertensión. Explorar la cría de patos podría ser una de las soluciones para abordar algunos de los problemas de nutrición en todo el mundo. Si se generaliza la cría de patos, bajará el precio de una carne más sana. Además, su mayor tamaño significa que la gente obtendrá más carne por su dinero.

Control de plagas

Si cultivas productos agrícolas, los patos pueden ser un buen elemento disuasorio para varios tipos de plagas. Dado que pasan gran parte del día buscando comida, a los patos les encanta alimentarse de bichos y caracoles. Quienes crían patos suelen ahorrar mucho dinero en pesticidas. Los pesticidas, aunque son muy eficaces, con el tiempo pueden afectar negativamente al suelo porque destruyen la microdiversidad que aporta nutrientes esenciales a las plantas. Utilizar patos como forma de control de plagas puede mantener vivo tu suelo.

Los agricultores asiáticos han utilizado tradicionalmente los patos para controlar la población de insectos en los arrozales. Especies como el pato corredor indio han sido criadas para que tengan extremidades más largas y cubran más terreno. Utilizar los patos para el control de plagas puede crear un ecosistema sano en una granja grande, en una pequeña explotación o en un patio trasero. Dado que se alimentan de forma natural sin apenas intervención, los patos pueden convertirse básicamente en tus socios en el cuidado del campo. Con los patos para el control de plagas, tus aves se alimentan felizmente de insectos, tus plantas están protegidas y disfrutarás de una cosecha ecológica de alta calidad.

Los patos pueden ser un buen elemento disuasorio para varios tipos de plagas [27]

Teniendo en cuenta que el cambio climático está impulsando al planeta hacia una nueva forma de vida, puede ser necesario incorporar animales a los métodos de cría más limpios. El mínimo daño que causan los patos y su relativamente bajo costo de mantenimiento pueden hacer del ave una solución lógica para adoptar prácticas respetuosas con el medio ambiente en la producción de alimentos. Los patos pueden criarse para producir carne, lo que puede ser una alternativa útil a la cría de vacas que generan un exceso de gas metano. Introducir patos en tu granja puede crear un ecosistema mutuamente beneficioso capaz de mantener un equilibrio sano y natural.

Los patos no sólo ayudan con las plagas de insectos, sino que pueden ampliar sus servicios para incluir la erradicación de malas hierbas. Los patos son herbívoros y pastan. Comen malas hierbas y plantas pequeñas. Si se les permite forrajear de forma independiente en tu campo, se reducirá el costo de su alimentación. La combinación de malas hierbas e insectos será un gran suplemento para la dieta de tus patos. Las malas hierbas comunes, como las hojas de diente de león, son el tentempié favorito de muchas razas. A diferencia de las gallinas, los patos dañan menos tus plantas porque comen arbustos más altos y no escarban el suelo.

Las pequeñas serpientes, ratones y ranas tampoco están a salvo cuando hay patos cerca. Estas plagas pueden causar estragos en tus cultivos. La destreza cazadora de los patos puede ayudar a mantener baja la población de ratones, lo que puede contribuir a evitar infestaciones. Los ratones desentierran los cultivos de raíz, por lo que pueden poner en peligro toda la cosecha. Envenenar a los ratones puede dañar el suelo y afectar a otros animales que no tenías previsto matar. Si hay niños en tu propiedad, utilizar veneno puede ser un peligro catastrófico. Los niños son curiosos y pasan mucho tiempo jugando al aire libre, lo que significa que podrían entrar fácilmente en contacto nocivo con el veneno que se utiliza en una finca. Utilizar patos para el control de plagas puede ayudarte a crear un entorno más seguro para los más pequeños que te visiten o vivan contigo.

La resiliencia de los patos

Algunas culturas utilizan los patos como símbolo de estabilidad. Esto tiene mucho sentido si tenemos en cuenta que los patos son unos de los animales más resistentes. De todas las aves de corral domésticas que cría el hombre, los patos son los menos susceptibles a las enfermedades y tienen una inmunidad espectacular. Por lo tanto, tanto si crías patos para carne, huevos o como animales de compañía, puedes estar seguro de que no enfermarán fácilmente. Sus fuertes inmunidades y su resistencia a las temperaturas extremas los convierten en uno de los animales que requieren menos cuidados.

En su entorno natural, los patos se enfrentan a todo tipo de amenazas externas, incluidos los depredadores y los retos de vivir en hábitats hostiles. Han evolucionado para ser fuertes e inteligentes. Algunas especies de patos migran largas distancias y pueden pasar largos periodos de tiempo en el aire. Además, los patos son criaturas sociales que a menudo se pelean durante las épocas de apareamiento. La combinación del comportamiento y la psicología de los patos con los duros entornos de los que proceden ha creado una criatura cariñosamente resistente que no se anda con tonterías.

Los patos son un punto de partida asombroso si piensas dedicarte a una granja diversa, ya sea de subsistencia o comercial. Pueden servirte para introducirte en el mundo de la agricultura sin abrumarte por lo resistentes que son. En lugar de elegir animales de mucho cuidado como inversión inicial, puedes empezar con patos que pueden proporcionarte huevos de alta calidad y carne de primera.

Los patos no son propensos a las enfermedades, por lo que son animales seguros para mantener cerca de personas y ganado. Además, el control de la temperatura que hace que los patos se adapten a condiciones climáticas cambiantes los convierte en una excelente opción ante el calentamiento global. Donde muchos animales perecerán debido al cambio climático, los patos pueden ser la mejor opción avícola a explorar para adaptarse al cambio climático. La sostenibilidad que presentan los patos al poner huevos grandes y suministrar mucha carne, al mismo tiempo que desempeñan un papel crucial en el ecosistema como depredadores y fertilizantes, hace de los patos una de las formas de ganadería más respetuosas con el medio ambiente. A diferencia de las vacas, que ocupan mucho espacio y producen gases de efecto invernadero, y de los pollos, que a menudo requieren todo tipo de medicación porque son enfermizos, los patos pueden ser la carne sostenible del futuro.

Fertilizante para patos y agricultura regenerativa

Ante la creciente crisis medioambiental provocada en gran medida por la industria ganadera, los patos pueden ser una forma de adoptar métodos de cría más respetuosos con el medio ambiente. Básicamente, los patos son el animal perfecto para crear un entorno de permacultura. La permacultura es una forma ecológica de enfocar la agricultura en la que se construyen ecosistemas regenerativos que trabajan con la fauna y la flora locales. Los patos para el control de plagas ya representan una poderosa baza de la permacultura, pero además aportan fertilizante.

Los desechos de los patos son ricos en nitrógeno, lo que aporta a tu suelo los nutrientes que tanto necesita para reponerse con cada cosecha. El macronutriente nitrógeno es crucial para que las plantas desarrollen aminoácidos, los componentes básicos de las proteínas que contribuyen al crecimiento. Por lo tanto, el nitrógeno ayudará a tus plantas a crecer más rápido y más grandes. Muchos agricultores utilizan fertilizantes nitrogenados artificiales, que están correctamente formulados para ayudar al crecimiento de las plantas. Sin embargo, estos fertilizantes artificiales tienden a centrarse en aportar nutrientes a las plantas en lugar de reponer el suelo. Utilizar un abono nitrogenado natural como los desechos de pato resulta más eficaz a largo plazo.

El mejor entorno para los patos es una marisma pantanosa con un estanque u otra fuente de agua. Como los patos pasan mucho tiempo en el agua, la escorrentía puede incorporarse a un sistema de riego con fertilizante combinado con el agua. Un estanque con patos puede ayudarte a ahorrar en la factura del agua y puede ser un método más sostenible de regar una granja. Una fuente de agua con patos crea un sistema vivo que contribuye beneficiosamente a la biodiversidad de tus tierras.

La carne de ave también se ha utilizado como forma de fertilizar el suelo. En muchas partes del mundo occidental, los despojos de las aves no se consumen o se convierten en carne procesada, como nuggets o salchichas. En una granja, una forma creativa de utilizar los despojos es enterrarlos bajo el suelo y plantar encima. De este modo se devuelven los nutrientes al suelo. En este proceso de fertilización se pueden utilizar partes no comestibles del pato, como el pico y las patas.

Muchas razas de patos pueden ser agresivas y picar a las personas cuando se sienten amenazadas. Sin embargo, algunas razas son muy dóciles. Estas razas más tranquilas son perfectas como mascotas, sobre todo con niños. Los patos son aves inteligentes a las que se pueden enseñar trucos y órdenes. Como animales de compañía, se les puede adiestrar para que acepten mimos y formen un fuerte vínculo como miembros de la familia. Tener un pato como mascota te permite obtener los beneficios de los fertilizantes y el control de plagas sin tener que sacrificar al animal si no te sientes cómodo con ello. Tanto si eres vegano como carnívoro, los patos pueden ser el complemento perfecto para tu granja, jardín o pequeña explotación.

Bienvenido al mundo de la cría de patos

Al explorar los beneficios de la cría de patos, habrás dado un importante paso adelante para descubrir la gran satisfacción que yace en la cría de patos. A medida que críes a tus patos desde polluelos hasta la edad adulta y observes su evolución, no podrás evitar sentir un cierto parentesco con el animal. Los patos son sociables, inteligentes y emocionales, por lo que es fácil establecer una estrecha relación con ellos. Su robusta personalidad y su ternura tocarán sin duda tu fibra sensible y te dejarán un sinfín de anécdotas.

Los patos son sociables, inteligentes y emocionales, por lo que es fácil establecer una relación estrecha con ellos [28]

La belleza de la cría de patos está en el proceso de tener paciencia hasta tu inevitable recompensa. La carne, los huevos o la compañía que obtengas evitarán la disonancia cognitiva si tomas el camino informado de la cría de patos. Adoptar un método de cría de patos respetuoso con el medio ambiente y sin crueldad puede suponer un esfuerzo emocional, económico y de realización social sin sentimiento de culpa. Si aún te estás preguntando si deberías criar patos cuando dispongas de espacio y tiempo, la respuesta es ¡hazlo! Los patos pueden ser la mejor opción para tener una mascota adorable y ganado cuando sopesas los pros y los contras de criar diferentes animales. Su resistencia, que requiere poco cuidado, los convierte en un estupendo proyecto para comenzar a criar animales. Además, su originalidad y belleza te mantendrán entretenido y atento a sus simpáticas patitas palmeadas. Nunca ha habido mejor momento para empezar a criar patos que ahora mismo, así que continúa leyendo y prepárate para iniciar este gratificante viaje.

Capítulo 2: Comprender el comportamiento de los patos

Si has tenido una mascota, sabrás lo importante que es establecer una relación con ella. Toda relación sólida requiere una comunicación sana. Pero los animales no se comunican como los humanos. Debido a sus capacidades cognitivas y su intelecto poco desarrollados, junto con sus cuerdas vocales menos evolucionadas, los animales no pueden hablar como los humanos, y nunca podrán hacerlo, al menos no en un futuro próximo. Pero eso no significa que no puedan comunicarse.

La mayoría de los dueños de perros han aprendido a relacionar distintos tipos de ladridos con diferentes estados de ánimo. Por ejemplo, ¿sabías que un quejido agudo suele indicar ansiedad? En los gatos, el tipo de "maullido" que más se oye (tono moderado, grito medio-largo) suele significar que quieren algo.

La comunicación verbal no es la única forma de entender a los animales. Su comportamiento y sus acciones pueden interpretarse a menudo como algo comprensible. Por ejemplo, te habrás dado cuenta de que una vaca suele dejar que su cola cuelgue libremente. Eso casi siempre significa que se sienten seguras. Cuando está tensa y metida entre las patas, puede indicar que está enferma o ansiosa.

¿Los patos, en cambio, muestran un comportamiento comunicativo? La buena noticia es que sí. Aunque obviamente no podrás conversar con ellos, sí podrás entender sus sonidos, diferenciar entre varios ruidos y comprender su estructura social para interpretar mejor su comportamiento.

La comunicación de los patos

Los patos se comunican principalmente de forma vocal. A veces, también utilizan el lenguaje corporal para expresar lo que quieren. Si eres capaz de captar sus señales de comportamiento, estarás en el buen camino para establecer una buena relación con ellos.

Comunicación vocal y sonidos únicos

El sonido más común que hace un pato, algo que habías aprendido en primaria, es el "graznido". Los perros ladran, los gatos maúllan y los patos graznan. ¿Sabes que los distintos tipos de graznidos significan cosas diferentes? Aparte del graznido básico, los patos también emiten una amplia gama de sonidos, desde un manso chillido hasta un formidable ladrido. Por regla general, cuanto más fuerte es el sonido, más importante es el mensaje.

Los patos se comunican principalmente de forma vocal [29]

- **Graznido:** Cuando escuchas un fuerte graznido, generalmente puedes deducir que hay patos cerca. Sin embargo, no todos los patos producen ese sonido. Sólo las hembras (pata) de los patos Mallard pueden generar ese sonido por excelencia.

Además, no todos los graznidos significan lo mismo. La interpretación más común de un graznido fuerte es la de una mamá pato llamando a sus patitos. También puede ser una llamada a su pareja macho (pato) para aparearse. Cuando oyes graznar a un solo pato en medio de una bandada, es probable que esté reclamando a un pato macho.

Los patos nocturnos no suelen hacer mucho ruido. Dado que los patos son principalmente diurnos, los nocturnos entienden que no deben molestar a la mayor parte de su bandada dormida con ruidos innecesarios. Por eso, cuando graznan por la noche, suele ser una señal de advertencia de que hay un depredador cerca.

Si los patos mascota graznan mucho a tu alrededor, puede significar que están entusiasmados por verte y deseosos de jugar contigo. Pero no te metas todavía en su espacio. Comprueba si están a punto de poner huevos, porque también suelen graznar mucho.

- **Bocinazo:** Es otro sonido que se oye con frecuencia entre los patos. De nuevo, es más común entre las hembras de muchas razas. Normalmente implica que está intentando dar a conocer su posición a su pareja, sobre todo si están muy separados en un terreno desconocido (no cuando están en una gran multitud de patos).

El graznido tipo bocina en una bandada de patos puede significar lo mismo que el graznido: han seleccionado a su pareja. También puede significar que han detectado un depredador en las inmediaciones (independientemente de la hora del día o de la noche).

- **Siseo:** Los siseos de los patos no suelen ser tan continuos como los de las serpientes. Son más graves y granulados, con bastantes pausas entre ellos. Se sabe que tanto los machos como las hembras de muchas especies producen este sonido, sobre todo cuando tienen miedo de algo. Se trata más bien de una conversación susurrada, un murmullo aprensivo, de la misma forma que tú puedes comunicarte con tus amigos cuando alguien te amenaza para que te quedes callado.

- **Ronroneo:** Al igual que los gatos, los patos también ronronean, a menudo por la misma razón. Tu pato mascota puede empezar a ronronear mientras lo acaricias, lo que implica que le gusta y quiere que sigas haciéndolo.

- **Gruñido:** Igual que tu estómago gruñe cuando tienes hambre, los patos gruñen cuando quieren comida. Es más un gruñido aprensivo y grave que el ladrido peligroso de un perro. Ten preparado un cuenco de avena o alpiste para cuando emitan este sonido.

Otros sonidos únicos que emiten los patos son silbidos, gemidos, chirridos, graznidos, suspiros e incluso ululatos como los de los búhos. Pero estos sonidos son menos frecuentes entre los patos domésticos.

Lenguaje corporal y señales conductuales

Aunque los sonidos sean la forma más importante de comunicación con tus patos, entender su lenguaje corporal les sigue de cerca. Cuando soplan burbujas en el estanque, su aspecto es increíblemente adorable, pero ¿hay un significado más profundo en ese acto? ¿Qué significan todas sus pequeñas señales de comportamiento, como inclinar la cabeza en momentos extraños?

- **Caminar uno detrás del otro:** Lo habrás observado a menudo. Cuando una familia de patos camina por tierra, lo hace en línea recta, uno detrás de otro. A diferencia de los humanos y muchos otros animales, no suelen caminar uno al lado del otro. En los patos, este comportamiento demuestra que confían los unos en los otros. El que lidera la bandada guía al resto en su camino mirando al frente. Los patos que van detrás del líder tienden a mirar a cualquier parte menos al frente para asegurarse de que su grupo no sea sorprendido por los lados o por detrás.

- **Dormir con un ojo abierto:** Si tienes un par de patos y unos cuantos patitos, te habrás dado cuenta de que los adultos suelen dormir con un ojo abierto. En realidad están dormidos, pero la mitad de su cerebro está alerta con su único ojo abierto, vigilando en busca de depredadores.

Los patos vigilan a los depredadores mientras duermen con un ojo abierto [80]

- **Soplar burbujas:** Te parecerá adorable que tus patos hagan burbujas en el estanque. No es que se diviertan, sino que se quitan la suciedad o los restos que se les han quedado atascados en los orificios nasales.

- **Mirar con la cabeza inclinada:** ¿Tus patos te miran fijamente con la cabeza inclinada hacia un lado? No te preocupes, no están asustados. Están observando a través de su visión periférica en busca de depredadores o comida.

- **Mover las plumas de la cola:** Al igual que un perro muestra su excitación o felicidad moviendo la cola, los patos muestran estas emociones de la misma manera. Si mueven la cola cuando te acercas, significa que se alegran de verte. Por otro lado, puede que simplemente hayan salido del estanque y se estén secando. En ese caso, es posible que también se acicalen las plumas del resto del cuerpo, distribuyendo uniformemente los aceites esenciales.

- **Cavar agujeros en charcos de barro:** Esta es una de las formas en que los patos hacen buen uso de sus largos picos. Han aprendido por experiencia que los charcos de barro suelen tener bichos y otros insectos bajo la superficie del fondo. Solo están buscando comida.

El acto de imprimir

¿Sabías que puedes hacer que los patitos confíen en ti sin hacer nada? Poco después de salir del cascarón, un patito aprende a confiar en la persona a la que más ve. Este proceso se llama impronta. Los bebés humanos tardan unos meses, o incluso años, en tomar la impronta de sus madres. Un patito confía rápidamente en su madre o en sus congéneres (a los que más ve), ¡y en menos de una hora!

También te encantará saber que los patitos pueden tomar tu huella. Coloca los huevos en una incubadora y espera a que eclosionen. En cuanto se abran y el patito se asome, haz que lo primero que vea sea tu cara. Quédate con él una o dos horas y deja que te siga viendo. Acarícialo, acarícialo o manipúlalo, e incluso si puedes, háblale.

Los patitos confían rápidamente en su madre o en sus congéneres (a los que más ven), ¡y lo hacen en menos de una hora![81]

No sabrás de inmediato si el patito se ha fijado en ti. Cuando crezca y empiece a mostrar alguno de los comportamientos de excitación mencionados anteriormente cuando te acerques (como mover las plumas de la cola), entonces podrás estar seguro de que lo has logrado. ¿Deja el pato que lo manipules y cuides fácilmente cuando está enfermo? Sólo entonces podrás estar completamente seguro de que confía en ti.

Estructura social de las bandadas de patos

Los patos tienen una estructura social en sus bandadas. Esto los ayuda a reducir los conflictos internos y a vivir en armonía unos con otros. Incluso si llegan a un conflicto, el líder de la bandada se asegura de que se resuelva o de que se llegue a un compromiso.

Jerarquía social

La jerarquía social de los patos se basa en el aspecto físico. Cuanto más fuerte parece un pato, más arriba se sitúa. La edad no es un factor determinante. Un patito que acaba de madurar y se ha convertido en un pato sano de rasgos elegantes puede empezar a liderar una manada de otros patos más experimentados.

El orden jerárquico es más común en las hembras. ¿Sabías que la pata líder de la manada siempre pone primero sus huevos? Las demás patas tienen que esperar a que las que ocupan puestos más altos en la escala social hayan depositado sus huevos en el nido. A veces, una bandada mejor organizada puede colocarse una encima de la otra con la líder en la cima y poner sus huevos uno a uno (la de arriba primero). Así, si un depredador está al acecho, pueden proteger sus huevos juntas. Además, puede ser la forma que tiene la hembra líder de enfatizar su liderazgo.

Los drake también tienen una jerarquía social, que puede observarse cuando se aparean. Si tienes varios patos y una sola pata, te habrás dado cuenta de que se aparean individualmente. El primer pato que se aparea suele ser el más fuerte y el líder de la bandada.

Los patos también tienen un orden jerárquico cuando comen. La próxima vez que dejes un cuenco de comida cerca de su zona de anidamiento, espera un rato y obsérvalos comer. Rara vez se apiñarán alrededor del cuenco. Los primeros patos que acudan a comer serán los líderes de la bandada, seguidos de los siguientes en la jerarquía.

Si los observas todos los días, te darás cuenta de que el último grupo de patos (el de menor orden) nunca pasa hambre. Esto se debe a que los patos pueden evaluar muy bien la cantidad de alimento y distribuirlo uniformemente entre toda la bandada.

Coqueteo y apareamiento

Es una delicia ver a los patos coquetear entre sí. Incluso puedes aprender un par de cosas. Los hábitos de cortejo de los patos no difieren de los de los humanos. ¿Te has fijado alguna vez en los patos que salen del agua empapados y hacen ostentación de sus plumas de felpa erizándolas al sol? ¿Cuántas veces has visto a hombres hacer lo mismo al salir de una piscina pública, alborotándose el pelo mientras exhiben sus cuerpos?

Las hembras suelen asentir con la cabeza. Cuando ellas también se aplastan, panza abajo, en el agua, es una invitación para que el macho la monte. Si la hembra no aprueba al macho, éste puede recurrir a otras técnicas de coqueteo, como recoger agua con el pico y lanzársela a la hembra.

Los patos pueden aparearse tanto en el agua como en tierra. Se sienten más cómodos en el agua porque la flotabilidad permite le a la pata desplegarse con mayor libertad. Es cierto que la inestabilidad del agua puede hacerlos perder el equilibrio durante la cópula, pero el pato se agarra al cuello de la gallina con el pico para no caerse.

Ducks are able to mate in the water as well as on land [82]

El acto de apareamiento en sí no es tan elegante como podrías pensar. Los no iniciados pueden tener la sensación de que sus patos se pelean, con el macho intentando atrapar a la hembra. A veces, varios patos pueden converger en una sola pata, y ninguno de ellos resulta herido en el proceso. Así es su ritual de apareamiento. No son monógamos.

Los machos son los más amorosos. Un drake tendrá una hembra, que valora por encima de los demás. La alimentará, cuidará e incluso pasará más tiempo con ella. Eso no le impedirá aparearse con otras hembras cercanas. Los drakes son como los reyes y emperadores de antaño, que se casaban con la reina de su corazón, pero también tenían varias amantes.

En cambio, una hembra de pato sólo tiene un macho romántico a la vez (puede tener varios a lo largo de su vida). Sin embargo, otros patos son libres de aparearse con ella si lo desean, aunque la hembra no sienta ningún deseo por ellos. El consentimiento no forma parte de su relación, pero no te sientas mal. Así es como viven.

Problemas comunes de comportamiento y sus soluciones

Los patos son seres vivos con problemas de salud y comportamiento, como cualquier otro animal. Debido a su inteligencia relativamente avanzada y a su alto cociente emocional, también suelen tener problemas psicológicos. No suelen guardarse las cosas en su interior. Sus problemas suelen reflejarse en su comportamiento. Los más comunes son:

Vocalizaciones extrañas

¿Tu ave acuática emite un sonido extraño? Intenta relacionarlo con alguna de las voces mencionadas en la sección "Comunicación de los patos". Si no se trata ni del común graznido ni del rarísimo ululato, el pato puede estar tratando de expresar un problema de salud, como una infección. ¿El sonido es grave o ronco? Puede estar intentando alertar de la presencia de un depredador. En cualquier caso, si se trata de una infección, debes llevarlo al veterinario para asegurarte de que los demás patos no se contagien.

Baja frecuencia o calidad en los huevos

¿Tu pato madre pone huevos con poca frecuencia (digamos, no más de una o dos veces por semana)? Independientemente de la frecuencia, ¿los huevos puestos son de mala calidad (parecen podridos o malos)? Es un problema común durante el invierno, que puede evitarse fácilmente aumentando la cantidad de su comida. Los patos tienden a gastar más energía cuando hace frío para mantener su temperatura corporal bajo control. Por eso, necesitan más comida en inviernos especialmente duros, para mantener altos sus niveles de energía.

Comer en exceso

Los humanos tienden a comer en exceso en momentos de estrés. Los patos, en cambio, pueden comer en exceso por culpa de los humanos. En realidad, depende de la dieta que les des. Si les das mucho pan y comida basura, pueden tener problemas de salud. Limítate a los cereales o la avena. Si no los tienes almacenados, deja que busquen por sí mismos durante un tiempo. Puede que sus problemas de salud se esfumen. Si persisten, acude al veterinario.

Autolesiones

¿Tu ave se arranca a menudo las plumas? ¿Se rasca hasta ensangrentarse la piel? ¿Tiende a hacerse daño de alguna manera? Está mostrando un comportamiento antisocial debido al aumento del estrés. ¿Mantienes al pato aislado de su familia? ¿Tienes un solo pato? Los patos son animales sociales por naturaleza, y cuando no tienen la oportunidad de interactuar con sus compañeros o patitos, pueden empezar a hacerse daño a sí mismos. Reúnelo con su familia o trae nuevos patos al grupo.

Si el pato se autolesiona mientras está presente en un grupo, puede estar infectado por un parásito. Llévalo inmediatamente al veterinario.

Acciones repetitivas

¿Tu pato muestra un comportamiento repetitivo, como ir de un lado a otro o dar vueltas en la misma zona? Es otro indicio de estrés. Puede deberse al aislamiento de la bandada. O bien, ¿están tus patos confinados en un espacio congestionado? Están acostumbrados o han evolucionado para vivir libres y sin obstáculos en la naturaleza. Necesitan mucho espacio para garantizar la estabilidad de su salud mental.

Déjalos vagar de vez en cuando por tu jardín. Los patos se llaman aves acuáticas por algo. Si no dispone de piscina o estanque privado, llévalos a una piscina del vecindario (¡siempre que el propietario esté de acuerdo en que los patos salten dentro!). La falta de actividad sexual también podría ser una de las principales causas de estrés, así que asegúrate de que cada pato tenga una hembra con la cual aparearse.

Capítulo 3: Elegir la raza adecuada de pato

Los patos son una fantástica incorporación a tu granja y pueden prosperar de forma independiente y junto a las gallinas. Si alguna vez has criado aves de corral, sabrás lo mucho que te gusta, y criar patos es una experiencia igual de gratificante. Los patos disfrutan explorando la granja o el corral, como las gallinas, y comparten el apetito por darse un festín de insectos, incluidos los más grandes, como babosas y saltamontes, lo que los diferencia de sus congéneres emplumados.

El mundo de los patos cuenta con una gran variedad de razas y, para quienes se inician en la cría de patos, la elección de la raza adecuada puede resultar intimidante. En este capítulo pretendemos simplificar el proceso ofreciéndote información sobre las distintas razas de patos. Profundizaremos en sus características distintivas, sus requisitos específicos y los aportes únicos que pueden hacer a tu granja. Además, profundizaremos en los puntos fuertes y débiles de cada raza, como su temperamento, su capacidad de producción de huevos, su tamaño, su habilidad para buscar comida y su adaptabilidad a las distintas condiciones climáticas. Esta completa guía te aportará los conocimientos necesarios para tomar decisiones con conocimiento de causa a la hora de elegir y cuidar tus patos.

Las diversas razas de patos

Encontrar la raza de pato ideal empieza por comprender claramente cuáles son tus objetivos y necesidades específicos. La elección de la raza de pato debe estar en consonancia con el propósito que tienes en mente. He aquí algunas preguntas cruciales para guiarte en la toma de tus decisiones:

1. **Determina tu propósito:** ¿Qué papel imaginas para tus patos?

   - ¿Te interesa principalmente la producción de huevos?

   - ¿Buscas una raza de patos famosa por su rendimiento cárnico?

   - ¿Buscas unos encantadores compañeros de patio capaces de controlar las plagas?

   - ¿Te interesan los patos conocidos por su habilidad para buscar comida, su naturaleza sociable o su comportamiento tranquilo?

   - ¿La conservación de las razas patrimoniales es una prioridad, lo que te lleva a considerar razas clasificadas como amenazadas o críticas?

2. **Considera otros factores:** Más allá de tu objetivo principal, piensa en otros factores importantes para ti:

   - **Tamaño:** Las razas más grandes pueden ofrecer una mejor protección contra los depredadores aéreos.

   - **Atractivo estético:** ¿Buscas razas de patos visualmente llamativas?

   - **Capacidad de cría:** Si la cría forma parte de tu plan, considera una raza que destaque en la crianza de patitos.

3. **Evalúa tu compromiso:** Determina el nivel de esfuerzo que estás dispuesto a invertir en el cuidado y mantenimiento de la raza de patos que has elegido:

   - ¿Estás preparado para recoger huevos con regularidad?

   - ¿Puedes ocuparte de las necesidades de las razas más grandes, incluida la incubación en caso de ser necesario?

   - Si prefieres patos parlanchines, ¿estás preparado para una comunicación continua con ellos?

Una vez que hayas determinado lo que puedes ofrecer y tus objetivos principales, estarás mejor equipado para identificar la raza de patos más adecuada para tu granja o estilo de vida. Ten en cuenta que la mejor raza para ti es la que se ajusta a tus requisitos específicos.

Las mejores razas de patos

Corredor Indio

El pato corredor indio es uno de los más singulares del mundo. Es una raza de pato doméstico de aspecto inusual.

El Corredor Indio cuenta con una de las fisonomías más singulares del mundo de los patos [33]

Características

Pertenecen a la categoría de patos domésticos ligeros. Tienen el cuello largo, la cabeza delgada y el cuerpo esbelto. Su largo cuello les ha valido el calificativo de "botella de vino". Debido a su cuello más largo, sus ojos están colocados en alto, con un pico recto. Sus patas están colocadas muy por detrás de la parte posterior del cuerpo, lo que las diferencia de otras razas de patos. Un corredor indio puede correr y al mismo tiempo arrastrar los pies rápidamente debido a la posición de sus patas y a la forma de su cuerpo.

Cuando están agitados, se mantienen totalmente erguidos. Normalmente, tienen un 45 - 75% de porte por encima de la vista. Desde la coronilla hasta la punta de la cola, la altura de la hembra pequeña es de 20 a 26 pulgadas, mientras que la del macho más alto es de unas 70 pulgadas.

La punta de la cola de la hembra está un poco enroscada, mientras que la de los patos es plana. Es posible que no se note la diferencia entre las hembras y los machos hasta que ambos maduren.

En comparación con otras razas, tienen 14 variedades de color, como trucha y blanco, leonado, ánade azulón, plateado, albaricoque oscuro, chocolate, azul Cumberland, negro, albaricoque trucha, azul, azul trucha, azul oscuro, marrón claro, marrón oscuro. Ocho variedades de corredores están registradas en el American Standard of Perfection, e incluyen el gris, el azul Cumberland, el chocolate, el pulido, el negro, el pincelado, el blanco y el original leonado y blanco.

Los patos tienen un peso corporal medio de 1,4 a 2 kg, mientras que el peso corporal de las patas es de 1,6 a 2,3 kg de media.

Necesidades

Los Corredores Indios no necesitan una dieta ni un espacio vital especiales. Sólo necesitan un espacio propicio con un lugar para dormir, agua limpia, lecho limpio y comida normal para aves de corral para mantenerse felices y sanos. A diferencia de otras razas de patos, los Corredores Indios necesitan menos agua. Una bañera de agua en la que sumergir la cabeza es suficiente.

Valor único

Los patos Corredores Indios son magníficos buscadores de comida y grandes productores de huevos. También son buenos para controlar las plagas.

Temperamento

Los Corredores Indios son dóciles y amistosos. Se llevan bien con otras mascotas como perros y gatos. Sin embargo, se vuelven muy agresivos cuando protegen a sus pequeños o cuando perciben peligro y se sienten amenazados.

Producción de huevos

Los corredores indios son conocidos por su capacidad para poner huevos. Ponen entre 300 y 350 huevos al año. Como mínimo, ponen de 5 a 6 huevos a la semana. Los huevos que ponen los corredores indios son grandes y de color verde pastel. Son muy apreciados por su sabor, que los hace excelentes para hornear.

Habilidad recolectora

Los Corredores Indios son buscadores de comida independientes que disfrutan cazando aperitivos ocultos como insectos, caracoles, babosas y semillas.

Adaptabilidad

Pueden adaptarse a todos los climas, incluso a los extremadamente cálidos o fríos. Su producción de huevos puede reducirse cuando hace frío, pero no cesa. Sea cual sea la rusticidad de los patos, hay que tomar precauciones durante el clima riguroso para garantizar que tengan acceso a agua limpia y sombra. Además, el corral debe estar bien ventilado en todo momento.

Khaki Campbell

Si buscas un pato apto para principiantes y capaz de poner más huevos, el Khaki Campbell es el tuyo. El Khaki Campbell es originario de Inglaterra y se introdujo al mundo alrededor de 1898. La Sra. Adele Campbell de Uley, Gloucestershire, Inglaterra, creó los patos Khaki Campbell. Como criadora de aves de corral, compró un Corredor Indio, que cruzó con el Rouen y otros patos silvestres, dando como resultado el Khaki Campbell.

Si buscas un pato apto para principiantes y capaz de poner más huevos, el Khaki Campbell es tu pato ideal[14]

Características

Es muy fácil confundir un pato azulón típico con un pato Khaki Campbell. El Khaki Campbell tiene el cuello largo y el cuerpo en forma de barco. Sus plumas y alas son de color caqui claro u oscuro. Dependiendo del sexo del pato, un pato Khaki Campbell puede tener un pico negro o verde con patas de color naranja oscuro a marrón. Las hembras del pato Khaki Campbell suelen tener rasgos oscuros, como plumas de color caqui, mientras que los machos tienen rasgos claros, como alas y plumas de color caqui claro.

En un Khaki Campbell, observarás rizos de color blanco en el pecho del pato. Estos patos tienen hermosas plumas y la gama de colores de su piel va del blanco al amarillo, según el tipo de alimento que se les dé. Los patos Khaki Campbell son conocidos por ser patos de tamaño medio, con un peso que nunca supera las 4,5 libras, tanto para los machos como para las hembras.

El peso medio de las hembras es de 3,5 a 4 lbs., mientras que el de los machos es de 4 a 4,5 lbs. En cuanto a la altura, ambos miden una media de 1,5 a 2 pies.

Necesidades

Los patos Khaki Campbell no necesitan una dieta especial. Como patitos, puedes alimentarlos con un alimento no medicinal de iniciación para polluelos. Cuando tengan 3 meses, puedes alimentarlos con comida para aves de caza, pollos o aves acuáticas. Debido al riesgo potencial de asfixia, no se recomienda alimentar a los patos con comida para rayar. Sin embargo, las variedades de pellets de alimento para pollos y las migas son conocidas para alimentar a las razas domésticas de patos. Si el pato Khaki Campbell está en un corral, procura alimentarlo con granos para que pueda digerir la comida sin problemas.

Valor único

La mayoría de la gente cría patos Khaki Campbell principalmente por su capacidad para poner huevos. Es una raza que encaja en la cría comercial de patos por su popularidad como uno de los mejores patos ponedores. Esta raza también es utilizada para la producción de carne. Son unos excepcionales buscadores de comida y comen de todo, incluso las plagas de invertebrados que encuentran. Son los guardabosques de tu patio y jardín, que se encargarán de todo lo que pueda picar o causarle picores a tu familia o amenazar tus cultivos.

Temperamento

Los patos Khaki Campbell son fuertes, robustos y activos. Son tranquilos, amistosos y pasivos cuando se los cría con las manos hasta la madurez, independientemente de la idea errónea de que son asustadizos o de comportamiento huidizo.

Producción de huevos

El punto fuerte de este pato es que puede poner hasta 300 huevos al año, de 4 a 6 huevos blancos de tamaño mediano por semana. Es muy apreciado por su doble función, ya que puede producir tanto huevos como carne. Empiezan a poner huevos a partir de las 21 semanas de edad.

Habilidad recolectora

Esta raza tiene una excelente capacidad para buscar comida y debe dársele espacio para vagar. No se comportan bien cuando están confinados.

Adaptabilidad

Los patos Khaki Campbell pueden sobrevivir en cualquier clima gracias a su naturaleza resistente al frío.

Patos Pekín

Aunque antigua, el Pekín Americano es un pato de doble propósito muy conocido por su producción de carne y huevos. Esta raza se encuentra actualmente en muchos países y es una de las más conocidas con fines comerciales. La razón principal por la que se llama Pekín Americano es para diferenciarlo del Pekín Alemán.

El Pekín Americano es un pato de doble propósito muy conocido por su producción de carne y huevos [35]

Características

El pato Pekín Americano es hermoso a la vista. Tienen el cuello y el cuerpo largos, la piel amarilla y el pecho grande. El color de sus plumas es blanco cremoso o blanco. Su pico es amarillo y sus patas son de color amarillo anaranjado o rojizo. Su lomo está volcado y su postura es más vertical que la de los patos moñudos. Si observas de cerca a estos patos, verás que sus ojos tienen el iris de color azul grisáceo. El peso de un pato Pekín es de 8 a 12 libras.

Necesidades

Los pekines necesitan un espacio limpio que los proteja de la lluvia y el viento, una valla para mantenerlos contenidos y acceso a agua y comida. Debido a su limitada capacidad de vuelo, la valla debe ser baja. Los pekines disfrutan tanto de la comida natural como de la comercial. Si se les da acceso en libertad, pueden comer su comida favorita de la naturaleza. En las granjas de producción comercial, se suele alimentar a estos patos con alimentos comerciales. Los patitos pueden alimentarse con alimento inicial para polluelos.

Valor único

Los patos Perkins desempeñan funciones de doble propósito. En Estados Unidos se crían para la producción de carne. La carne de pato que se consume en Estados Unidos es en un 95% de pato Perkins. Esta raza también es perfecta para la producción de huevos. Puede darte un promedio de 200 huevos de color blanco al año.

Temperamento

Los patos Perkins son inteligentes, no son agresivos y son muy amistosos. Quienes los crían como mascotas o como aves de huevos pueden acariciarlos de vez en cuando. A los patos les gusta que los toquen. Puedes tumbarlos boca abajo en tu regazo y acariciarles el vientre.

Producción de huevos

Las Pekín pueden producir una media de 200 a 300 huevos grandes al año. Cuando una hembra Pekín tiene entre 5 y 6 meses, empieza a poner huevos.

Producción de carne

Esta es la principal razón por la que los patos Pekín son criados en Estados Unidos. El 95% de la carne de pato que consume el estadounidense promedio es carne de pato Pekín. La carne es rica en proteínas y tiene un delicioso sabor. No tiene la textura ni el sabor grasiento de otras carnes de pato. A las 6 semanas de vida, un Pekín, que pesa alrededor de 6 libras, está listo para ser desollado. El peso promedio de un Pekín grande es de 9 a 11 libras cuando alcanza las 12 semanas de edad. El mayor peso de los patos Pekín es una de las principales razones por las que se crían por su carne.

Habilidad recolectora

Son excelentes buscadores de comida, ya que pueden forrajear la mayor parte de su dieta.

Adaptabilidad

Gracias a su naturaleza robusta y a un sistema inmunitario fuerte y resistente, los patos Pekín pueden adaptarse a cualquier clima.

Patos Muscovy

El pato Muscovy es una conocida raza de pato doméstico grande originaria de Norteamérica que se encuentra en estados como Massachusetts, Florida y Hawái. Es la única raza domesticada no obtenida del pato Mallard.

El pato Muscovy es una raza de pato doméstico grande muy conocida[36]

Características

El pato Muscovy es una raza única que puede verse a kilómetros de distancia debido a su inconfundible aspecto. Su cuerpo es pesado, grueso y fuerte. Sus patas son anchas y palmeadas, lo que les permite balancearse. Los patos Muscovy, al igual que los pavos y los gansos, tienen marcas irregulares en la cara parecidas a la piel. Además, su pico es largo e inclinado.

El macho y la hembra alcanzan la misma altura. Su estatura oscila entre 26 y 33 pulgadas, mientras que su envergadura es de 54 a 60 pulgadas en función de la altura del pato.

El peso del pato Muscovy fluctúa, sobre todo en la edad adulta, en función de su hábitat y de los alimentos que consume. El peso promedio del pato es de entre 4,6 y 6,8 kg. Aunque los grandes patos domesticados llegan a pesar hasta 8 kg, los patos comunes pesan 5 kg.

Necesidades

Los patos deben estar protegidos de los depredadores y otros elementos. Asegúrate de que el refugio esté bien ventilado para evitar problemas respiratorios y sea lo bastante grande para que puedan moverse libremente.

A los patos Muscovy les gusta posarse y encaramarse, así que prepara perchas de madera o metal colocadas a distintas alturas en el refugio. Coloca una caja nido en el refugio para que las hembras puedan poner sus huevos. Como necesitan acceso al agua, construye su refugio cerca de una fuente de agua, un estanque, un plato grande de agua o un estanque poco profundo.

Aliméntalos con alimentos comerciales y complementa su dieta con frutas, verduras y hortalizas.

Valor único

Por su naturaleza versátil, los patos Muscovy tienen beneficios que van desde los animales de compañía hasta la producción de alimentos y los usos agrícolas. Se crían sobre todo por su producción de carne y huevos. Este pato es útil para controlar plagas, hacer compost y como animal de compañía.

Temperamento

Los patos Muscovy son cariñosos y amistosos como animales de compañía. Agradecen la atención tanto de sus dueños como de los invitados porque no se asustan ni se sienten amenazados fácilmente por la presencia de personas.

Producción de huevos

Estos patos no son grandes productores de huevos. Pueden poner entre 80 y 120 huevos al año e incubar y criar cuatro parejas de patitos Muscovy al año. Sus huevos son mucho más grandes que los de otras razas y más sabrosos que los de las gallinas, lo que los convierte en una de las mejores opciones para cocinar.

Producción de carne

Aquí es donde más prosperan los patos Muscovy. Su carne es muy sabrosa y tierna en comparación con la de vaca y ternera. La carne de la pechuga es magra y la piel contiene menos grasa que la de otras razas de patos.

Habilidad recolectora

Su capacidad para buscar comida es excelente. Pueden buscar comida con facilidad si se les da espacio, lo que los convierte en una excelente opción para el control de plagas.

Adaptabilidad

Este pato puede adaptarse a cualquier clima gracias a su naturaleza resistente y a su capacidad para volar.

Patos Aylesbury

El pato Aylesbury es un pato rosado cuya finalidad principal es la producción de carne. Se lo considera un ave de traspatio/ornamental por su bello aspecto y su carácter amistoso. Es una raza doméstica del Reino Unido. Se desarrolló en Aylesbury (Buckinghamshire, Inglaterra) a principios del siglo XVIII.

El pato de Aylesbury es considerado un ave de traspatio/ornamental por su bello aspecto y su carácter amistoso [87]

Características

El Aylesbury es una raza de patos de gran tamaño. Tiene la piel y un plumaje blancos y espeso que lo distingue de otras razas domésticas. Tienen un porte horizontal y un cuerpo alargado. Su quilla es recta, profunda y casi toca el suelo. El Aylesbury tiene un pico largo y recto, de color blanco rosado, con patas y pies de color naranja. Tiene el cuerpo en forma de barco debido a la ubicación de las patas a medio camino del cuerpo, y se para paralelo al suelo. Tienen el cuello largo y delgado como el de un cisne y los ojos de color azul grisáceo oscuro.

Los patos Aylesbury son de dos tipos: el de exhibición y el utilitario. El tipo de exhibición tiene una quilla profunda, lo que dificulta su apareamiento natural. El utilitario tiene una quilla más pequeña, lo que le permite aparearse con éxito de forma natural. El peso promedio de los patos Aylesbury es de unos 5 kg, mientras que el de los patos es de 4,5 kg.

Necesidades

El Aylesbury necesita alimentos con muchos granos, como cebada, trigo, etc., y alimentos proteínicos, como harina de pescado. Además, necesita agua limpia, así que coloca un recipiente en su recinto. Mejor aún, puedes dejarlos en libertad alrededor de estanques y otras fuentes de agua, ya que disfrutan del follaje.

Valor único

El Aylesbury es criado principalmente para la producción de carne. Los Aylesbury son grandes compañeros si buscas una mascota amistosa y fácil de cuidar. Son estupendos para espacios pequeños y pueden aportar belleza a tu jardín. Estos patos te harán sonreír entreteniéndote con cómo se persiguen constantemente. Estos patitos protegen contra los mosquitos, ya que se destacan en el control de los mosquitos en el patio trasero o el jardín. Con su habilidad para buscar babosas, tu jardín estará libre de cualquier insecto urticante.

Temperamento

El pato Aylesbury es amistoso y dócil con los humanos. Es sociable y le gusta estar en grupo. No dudes en dejar que se relacionen con otros patos de tu casa, pero ten cuidado con los patos macho. Son capaces de aparearse con cualquier pato que encuentren.

Producción de huevos

Esta raza puede producir huevos, pero no es algo con lo que debas contar si te dedicas a la cría comercial. En un año, la producción promedio de huevos de una hembra es de 35 a 125 huevos.

Producción de carne

El Aylesbury es conocido principalmente por su producción de carne, por lo que se lo cría como aves para consumo.

Habilidad recolectora

Los Aylesbury tienen una excelente capacidad de búsqueda de alimento y, cuando se les permite deambular, pueden abastecerse de algunos de sus alimentos.

Adaptabilidad

El pato de Aylesbury tiene una fuerte tolerancia a todos los climas.

Con estas razas en mente, elegir la adecuada para ti no debería ser difícil.

Capítulo 4: Alojar a tus patos

Si acabas de iniciarte en la cría de patos, crear el alojamiento y el entorno ideales para ellos puede parecer desalentador. Aunque son animales relativamente fáciles de manejar y cuidar, los patos tienen necesidades específicas de abrigo y protección. Necesitan espacios seguros para protegerse de posibles depredadores y de las inclemencias del clima. Tanto si alojas a tus patos en una estructura ya existente como si construyes un corral específico, la clave está en ofrecerles seguridad, alimento y espacio suficiente para moverse con libertad.

Este capítulo te guiará en el proceso de diseño, construcción y mantenimiento de un corral o recinto que satisfaga las necesidades específicas de tus patos. Encontrarás valiosas ideas para construir un espacio seguro y acogedor para tus compañeros emplumados, con consejos sobre variaciones de diseño inspiradas en estructuras populares. Al final de este capítulo, estarás bien preparado para crear un hábitat que proteja a tus patos y mejore su calidad de vida en general, garantizando que prosperen en su nuevo entorno. Tanto si es un principiante en la cría de patos como si es un entusiasta experimentado, los conocimientos que adquirirás aquí contribuirán al bienestar y la felicidad de tu querida bandada de patos.

Los patos, aunque son animales relativamente fáciles de cuidar y mantener, tienen necesidades específicas de refugio y protección [38]

No es necesario disponer de un corral completo para alojar a los patos de forma segura y confortable. De hecho, puedes crear una zona habitable adecuada en tu propiedad o incluso utilizar un edificio independiente para este fin. Tanto si optas por el bricolaje como por la compra de un recinto prefabricado, hay varios elementos fundamentales que debes tener en cuenta antes de tomar una decisión.

1. **Hazlo tú mismo o prefabricado:** Decide si quieres construir tu corral para patos desde cero o comprar uno prefabricado. Los corrales construidos por uno mismo ofrecen opciones de personalización, pero requieren más tiempo y esfuerzo. Los corrales prefabricados pueden ahorrarte tiempo, pero pueden tener limitaciones en cuanto a tamaño y diseño.

2. **Ubicación:** Elige una ubicación adecuada para tu corral de patos. Debe tener un buen drenaje para evitar inundaciones, ser fácilmente accesible para la alimentación y la limpieza, y estar

idealmente situado para protegerlo de los vientos dominantes.

3. **Tamaño y diseño:** A la hora de diseñar o elegir un corral, ten en cuenta el tamaño de tu bandada de patos. Los patos necesitan mucho espacio para moverse, así que asegúrate de que el recinto sea lo bastante espacioso para que se sientan cómodos. Una buena regla general es dejar al menos 3 o 4 pies cuadrados de espacio interior por pato.

4. **Materiales:** Tanto si construyes como si compras, elige materiales duraderos, resistentes a la intemperie y fáciles de limpiar. Los más comunes son la madera, el plástico y el metal. Asegúrate de que los materiales del corral sean seguros para tus patos, ya que algunas maderas tratadas o pinturas pueden ser tóxicas.

5. **Techo y suelo:** Utiliza un material de techado resistente para mantener secos a tus patos y considera la posibilidad de añadir un alero para proteger la entrada del corral de la lluvia. Una superficie sólida y fácil de limpiar, como hormigón o listones de madera, funciona bien como suelo. Ofrece abundante material de cama para el aislamiento y la comodidad.

6. **Ventilación:** Una ventilación adecuada es crucial para mantener la calidad del aire y evitar la acumulación de humedad, que puede provocar problemas respiratorios. Instala rejillas de ventilación y ventanas con mosquiteras para garantizar una buena circulación del aire.

7. **Seguridad:** Los patos son vulnerables a depredadores como mapaches y comadrejas. Asegúrate de que tu corral tenga cerraduras seguras y una malla metálica resistente en ventanas y aberturas para evitar accesos no autorizados.

8. **Accesibilidad:** Asegúrate de que el corral esté diseñado para facilitar el acceso para la limpieza, la recolección de huevos y el cuidado diario. Es esencial disponer de puertas de acceso adecuadas y rampas para que los patos puedan entrar y salir.

9. **Aislamiento:** Dependiendo de tu clima, puede que necesites aislar el corral para regular las temperaturas extremas. Esto es especialmente importante si vives en una zona con inviernos fríos.

10. **Costo y presupuesto:** Ten en cuenta tu presupuesto a la hora de planificar tu corral. Los proyectos hechos por uno mismo pueden ser más rentables, pero requieren más tiempo y esfuerzo. Los

corrales prefabricados ofrecen comodidad, pero pueden ser más caros.

11. **Futura expansión:** Si tienes pensado aumentar tu bandada de patos en el futuro, diseña o elige un corral que pueda adaptarse al crecimiento sin grandes modificaciones.

¿Qué necesitas para tu corral de patos?

Con los patos, construye una jaula lo bastante firme para mantenerlos aislados en una zona con suficiente agua y paja bajo sus patas, y ya están listos. Cuando construyas una estructura, utiliza una caja de madera o una vieja caseta de perro de al menos 3 pies de alto y 4 pies de largo y ancho.

Los corrales deben colocarse directamente sobre el suelo, con espacio suficiente para futuros ajustes. Además, pregúntate cosas importantes como "¿Cuántos patos pienso criar?" y "¿Por qué razón exactamente?". La gente cría patos por muchas razones, como carne, huevos y mascotas. Sea cual sea tu propósito, debes tener en cuenta los siguientes elementos.

1. La ventilación es vital

Los patos tienen ciertos hábitos que pueden conducir a un entorno de vida poco prístino. Suelen dormir en el suelo, dejando a menudo un rastro de excrementos justo donde descansan. Además, los patos suelen ir a sus nidos después de nadar, sin importarles que estén húmedos y a veces embarrados. Es crucial que comprendas estos comportamientos y tomes medidas para mantener un espacio vital sano e higiénico para tus patos.

Una ventilación adecuada es muy importante a la hora de personalizar el refugio de tus patos [89]

Cuando ofrezcas refugio a tus patos, ten en cuenta lo siguiente:

- **Ventilación adecuada:** Una ventilación adecuada es esencial para evitar la acumulación de humedad en sus áreas de descanso, lo que puede provocar problemas de salud. Asegúrate de que tu corral tenga rejillas de ventilación bien situadas para permitir la circulación de aire fresco. Colocar la zona de ventilación más cerca de la línea del tejado ayuda a mantener una buena calidad del aire.

- **Altura del corral:** Lo ideal es que el corral tenga una altura aproximada de 1 metro para que los patos se sientan cómodos. Esta altura aporta un amplio espacio y permite una mejor circulación del aire.

Garantizando estos aspectos, das a tus patos acceso a aire limpio y no contaminado, favoreciendo su bienestar y reduciendo el riesgo de enfermedades.

2. Protección contra los depredadores

Los patos son vulnerables a diversos depredadores, desde perros salvajes, mapaches, zorros, lobos, osos, halcones, gatos salvajes y pumas hasta incluso perros domésticos. Estos depredadores oportunistas se sienten atraídos por el delicioso sabor de los patos, por lo que es crucial tomar medidas proactivas para salvaguardar a tus amigos emplumados.

He aquí estrategias eficaces para proteger a tus patos de posibles amenazas:

- **Reforzar los recintos:** Crea recintos fortificados con paredes resistentes y puertas equipadas con varios pestillos. Esto constituye una primera capa de protección. En entornos rurales con una presencia mínima de depredadores, también puedes considerar el uso de alambre de corral como alternativa rentable, aunque puede ser menos seguro.

- **Zonas urbanas y boscosas:** Si crías patos en un entorno urbano o boscoso donde los depredadores son más frecuentes, invierte en un sistema de protección robusto. Considera la posibilidad de instalar vallas eléctricas o de alta resistencia para disuadir posibles amenazas. Además, el empleo de un perro guardián de ganado puede aumentar significativamente la seguridad de tu bandada de patos.

- **Escala según las necesidades:** Adapta tus medidas de protección a la escala de tu explotación de cría de patos. Si sólo tienes un pato o un número reducido, coloca estratégicamente el corral en un lugar de fácil acceso. Aunque esto pueda parecer más sencillo, es crucial dar prioridad a la seguridad incluso con una pequeña población de patos.

Recuerda que la seguridad de tus patos es primordial, y que el nivel de protección que elijas debe estar en consonancia con los riesgos potenciales de tu entorno específico. Si aplicas estas estrategias, podrás garantizar el bienestar de tus patos y disfrutar de tranquilidad mientras los crías.

3. Cama y nido

Cuando prepares una zona de nidificación para tus patos, debes seleccionar los materiales de lecho adecuados para su comodidad e higiene. Opta por materiales secos y orgánicos con excelentes cualidades absorbentes. Algunas opciones adecuadas son:

- Paja
- Heno
- Virutas de madera
- Virutas de cedro
- Papeles triturados
- Hojas picadas
- Agujas de pino

A la hora de preparar una zona de nidificación para tus patos, debes seleccionar los materiales de cama adecuados para su comodidad e higiene

Asegúrate de tener a mano un amplio suministro de estos materiales para poder sustituirlos fácilmente cada vez que tus patos ensucien. Aunque no es necesario cambiar el lecho a diario, es aconsejable retirar el lecho sucio cada pocos días.

En lugar de desechar el lecho usado, considera la posibilidad de reutilizarlo como abono para tu jardín. Esta práctica respetuosa con el medio ambiente reduce los residuos y enriquece el suelo del jardín con valiosos nutrientes, beneficiando en última instancia a sus patos y plantas.

Siguiendo estas pautas, puedes crear un entorno de nidificación limpio y acogedor para tus patos, a la vez que fomentas la sostenibilidad en tus prácticas de jardinería.

4. Buena ubicación

Una de las principales ventajas de tener un corral portátil y móvil es la facilidad con la que puedes desmontarlo y volverlo a montar cuando lo necesites para cambiar de ubicación. La movilidad del corral es esencial para adaptarse a las condiciones climáticas cambiantes y garantizar el bienestar de tus patos.

Piensa en estas situaciones en las que los corrales portátiles brillan con luz propia:

- **Adaptabilidad al clima:** En caso de cambios climáticos, como sol excesivo o inviernos rigurosos, puedes reubicar el corral sin esfuerzo. Por ejemplo, durante los veranos más calurosos, trasladar el corral a una zona más sombreada y fresca, con acceso a agua fresca, garantiza que los patos estén cómodos. A la inversa, el traslado a un lugar más cálido en los meses más fríos ofrece una protección esencial.

- **Prevención de puntos muertos** Mover el corral con regularidad evita la aparición de antiestéticas zonas muertas en el patio o el jardín. Esta movilidad fomenta una calidad del suelo más saludable y contribuye a crear un entorno más dinámico para el desarrollo de tus patos.

La continua adaptabilidad de un corral portátil no sólo mejora las condiciones de vida de tus patos, sino que también influye positivamente en la calidad del suelo, creando un entorno ideal para su crecimiento y bienestar.

5. Espacio por pato

Si piensas criar más de un pato, tendrás que asegurarte de que cada uno disponga de al menos 3-5 pies cuadrados en el corral. Multiplica 3-5 pies cuadrados por el número de patos que planeas criar y verás cuánto espacio necesitarás.

6. Construir un corral más grande de lo necesario

Construir un corral para patos no tiene por qué ser una tarea cara. De hecho, puedes aprovechar al máximo los materiales sobrantes de proyectos anteriores para crear un refugio para patos ahorrativo pero eficiente. A continuación, te explicamos cómo optimizar el proceso de construcción de tu corral:

- **Reciclaje ingenioso:** Recoge los restos de reparaciones o proyectos anteriores en tu jardín. Estos restos aparentemente insignificantes pueden combinarse ingeniosamente para construir un corral funcional. Esto no sólo ahorra costos, sino que también reduce los residuos.

- **Planificar la expansión:** Piensa en el crecimiento potencial de tu empresa de cría de patos. Considera la posibilidad de construir un corral más grande de lo que necesitas, pensando en la expansión. Aunque pueda parecer poco convencional, confía en el proceso y anticipa futuros cambios. Empieza con un mínimo de 4 pies cuadrados de suelo por pato y prevé ampliarlo a 12 pies cuadrados a medida que crezca tu bandada. Este planteamiento satisface tus necesidades actuales y te sitúa en una posición favorable si más adelante decides dar cabida a más patos.

Si adoptas estas estrategias, podrás construir un corral para patos rentable que satisfaga tus necesidades inmediatas y deje espacio para futuras ampliaciones, aprovechando al máximo los recursos disponibles.

Diseños únicos de corral para tus patos

Si piensas criar varios patos, es esencial que tengas en cuenta las estructuras de corral adecuadas para alojarlos cómodamente. Tanto si decides hacerlo tú mismo como si encargas un corral prefabricado, la clave está en disponer de espacio suficiente. Aquí tienes algunos diseños innovadores de corrales para patos que te servirán de inspiración para tu empresa de cría de patos:

1. Corral Tyrant

- El corral Tyrant puede albergar hasta seis patos, ofrece movilidad gracias a sus ruedas y facilita los cambios de ubicación.

- Este diseño cuenta con una caja nido de 3 pies de alto, 3 pies de ancho y 4 pies de largo, rematada con un techo verde impermeable y desmontable.

- El corral incorpora una malla de alambre galvanizado de aproximadamente 1 pulgada para disuadir a los depredadores, lo que resulta especialmente eficaz para salvaguardar a los patitos.

- El corral Tyrant demuestra ser una opción eficaz para la protección y el cuidado de los patos.

2. Corral urbano artesanal

- Diseñado pensando en los entornos urbanos, este corral móvil tiene ruedas para facilitar la maniobrabilidad.

- La estructura del corral utiliza malla metálica para la ventilación e incluye una acogedora caseta del tamaño de la de un perro para la comodidad y seguridad de tus patos.

- Su movilidad te permite desplazarlo sin esfuerzo, preservando el césped y mejorando la salud del suelo.

Corral artesanal hazlo tú mismo

Si te animas a construir tu propio corral de estilo artesanal, aquí tienes una guía básica:

Materiales necesarios: Madera contrachapada, clavos, tornillos, cola para madera, chapas metálicas para el tejado, bisagras, pestillos, malla metálica, tela metálica, pintura o sellador, viga a presión y barras para posarse.

1. Comienza planificando el tamaño del corral en función del número de patos que tengas, asignando aproximadamente 3-4 pies cuadrados por pato.

2. Construye los cimientos con madera de 2×4 a presión, formando un marco equilibrado, cuadrado y rectangular alineado con el plano de distribución.

3. Coloca soportes verticales para las paredes del corral y sujeta firmemente el marco rectangular.

4. Encuadra la parte superior e inferior de las paredes con 2x4 horizontales, teniendo en cuenta el espacio para puertas, respiraderos y ventanas.

5. Construye un tejado sencillo pero eficaz con 2×4 y fíjalo a las paredes del corral.

6. Añade cajas nido al tejado utilizando madera contrachapada, cada una con una anchura y una longitud de 12', y un tejado inclinado para el drenaje.

7. Instala un posadero de 2×2 sobre el suelo en el interior del corral.

8. Crea aberturas para ventilación y ventanas en las paredes, cubriéndolas con alambres de malla o tela metálica para protegerlas de los depredadores.

9. Instala una puerta de acceso cómoda y una rampa para que los patos entren y salgan del corral.

10. Cubre el armazón del tejado con planchas metálicas o tejas impermeables y resistentes a la intemperie.

11. Aplica pintura suave y no tóxica al exterior para proteger el corral de las inclemencias del tiempo.

3. Carro de patos de la Tierra Prometida

El Carro de patos de la Tierra Prometida es una solución de corral espacioso y portátil para tus patos, diseñado para ser tirado por un pequeño tractor o un ATV.

Su cubierta metálica incorpora un sistema de canalones para recoger y almacenar agua de forma eficiente, con una capacidad sustancial de 65 galones.

Este corral ofrece a sus patos la libertad de deambular por tu propiedad sin tener que buscar constantemente fuentes de agua.

4. Sauces Verdes

El corral Sauces Verdes, con estructura en A, ofrece versatilidad para acomodar bandadas de distintos tamaños.

Puedes personalizar fácilmente sus dimensiones para adaptarlo a tus necesidades. Por ejemplo, una estructura de 8x6x6 pies es adecuada para unos 10 patos, mientras que ampliarla a 10x8x7 pies ofrece espacio suficiente para unos 15 patos.

Este diseño es fácil de construir y móvil, lo que permite a los patos moverse libremente. Ofrece amplias zonas para anidar, dormir, comer y beber.

Construir un diseño de Sauces Verdes Hazlo tú mismo

Materiales

- Malla metálica
- Palos de bambú o paja para el tejado
- Bisagras y cierres reciclados
- Madera sostenible
- Sierra, taladros, martillo y clavos
- Pinturas o selladores naturales
- Cinta métrica

Procedimiento

Pasos para la construcción:

1. Comienza por esbozar un diseño que incorpore curvas suaves y una estética natural y armoniosa con el entorno. Utiliza materiales reciclados y madera sostenible para minimizar costos.

2. Elaborar un marco de base curvado u ondulado que se asemeje al gracioso fluir de un sauce. Asegúrate de que todos los puntos estén equilibrados y alineados.

3. Añade soportes verticales de madera al armazón base, fijándolos con tornillos o clavos, dejando espacio para las ventanas y la ventilación.

4. Instala el tejado utilizando varas de bambú o paneles de paja por su seguridad, sostenibilidad y aspecto natural.

5. Crea una zona circular central dentro del corral para los nidos y las camas, construyendo cajas nido de madera sostenibles con techos inclinados para facilitar la recolección de huevos.

6. Cubre las aberturas de ventilación con malla metálica o vallas ecológicas para garantizar un flujo de aire adecuado y mantener a raya a los depredadores.

7. Construye una rampa con madera recuperada o sostenible y fíjala firmemente a la entrada del corral para facilitar el acceso de los patos. Comprueba la seguridad de la rampa.

8. Aplica pinturas o selladores naturales para proteger la madera de los elementos. Forra el interior del corral con paja y heno para el lecho.

9. Coloca tu corral Sauces Verdes en un lugar adecuado dentro de tu patio o lugar elegido.

10. Inspecciona regularmente el corral en busca de reparaciones o mejoras y mantén su ambiente natural para prolongar su vida útil.

5. Corral móvil plano tipo Granja de la colina

El diseño del corral tipo Colina Plana ofrece una solución de corral móvil rectangular y práctica si te preocupa tu presupuesto.

Equipado con malla metálica, tejado metálico y una puerta de una o dos bisagras, este modelo es compacto y fácil de trasladar sin necesidad de un tractor o un todoterreno.

Estos innovadores diseños de corrales ofrecen excelentes opciones para la cría de patos, adaptadas a distintas necesidades, presupuestos y preferencias. Elige el que mejor se adapte a tu situación y embárcate con confianza en tu aventura de cría de patos.

Consejos para mantener un corral seguro y limpio

Mantener a los patitos sanos y seguros mientras conservan su entorno vital es primordial. Una higiene adecuada ayuda a prevenir infecciones fúngicas y enfermedades, y protegerlos de los depredadores es igualmente esencial. Para que tu empresa de cría de patos prospere, ten en cuenta estos consejos profesionales:

1. Comienza poco a poco para empezar con el pie derecho

- Si eres nuevo en la cría de patos, empieza con una pequeña bandada, quizá cinco patitos, para familiarizarte con los conceptos básicos. Una vez que ganes confianza y experiencia, podrás ampliar gradualmente tu manada.

- Planifica e investiga cuidadosamente los recursos, el tiempo dedicado y los posibles problemas, como robos, depredadores y permisos reglamentarios. Empezar con poco también minimiza el esfuerzo de limpieza necesario para las bandadas más grandes.

2. Los patos sociales son patos felices

- Los patos son criaturas sociales, como las gallinas. Si es la primera vez que crías patos, es aconsejable tener al menos dos patitos para que se hagan compañía.

- Considera la posibilidad de conseguir patos del mismo sexo (parejas de hembras o machos) para evitar posibles complicaciones en la cría.

3. Cuencos sin boquilla para la comida y el agua

- A los patos les encanta el agua y tienden a ser un poco torpes con sus miradas de reojo. Utiliza cuencos antivuelco para la comida y el agua a fin de minimizar los derrames y el desorden.

- Crea o compra recipientes para el agua que mantengan los cuencos siempre llenos y garanticen un suministro constante de agua limpia día y noche.

4. Elige un lecho con poco polvo

- Opta por virutas de madera de bajo contenido en polvo, como las de Aspen, como lecho para la incubadora de tus patitos. Estas virutas no desprenden olores, son muy absorbentes, suaves y no contienen contaminantes de plagas.

- El uso de lecho bajo en polvo asegura una calidad de aire limpio en el corral y reduce la necesidad de limpieza frecuente debido a la acumulación de polvo.

5. Usa comida peletizada y mantenla separada

- La comida peletizada es una excelente opción para alimentar a los patos, ya que ofrece tres variantes: Mash (alimento sin procesar), Pellets (croquetas cocidas al vapor y formadas) y Crumbles (derivados de pellets con textura de polvo).

- Los pellets son ideales, sobre todo si quiere minimizar los desperdicios y el desorden. Separa el comedero y el bebedero para evitar la contaminación y mantener la limpieza.

6. Prepara una defensa frente a los depredadores

- Los patos son presas apetecibles para los depredadores, sobre todo en las zonas rurales. Pon en práctica sólidos métodos de defensa contra los depredadores para salvaguardar tu bandada.

- Inspecciona y refuerza regularmente la seguridad del corral para disuadir posibles amenazas.

En esta completa guía encontrarás diseños de corrales para hacer tú mismo, consejos de mantenimiento e información esencial para criar patos felices y sanos. Si priorizas la higiene, la seguridad y el bienestar de tus patos, te embarcarás con confianza en el gratificante viaje de la cría de patos.

Capítulo 5: Nutrición de los patos: ¿Qué darles de comer?

Al igual que los humanos, los patos tienen necesidades nutricionales para cada etapa de su vida. Por ejemplo, los patitos necesitan niveles de proteínas más elevados que los patos adultos porque aún se están desarrollando y creciendo.

Las necesidades dietéticas de los patos también difieren en función de su finalidad. Si los crías para la producción de carne, necesitarán una dieta distinta de los que crías para huevos.

Tanto si tus patos son cariñosas mascotas como si son una fuente de alimento, necesitan una dieta equilibrada para vivir una vida larga y sana.

En este capítulo se explica detalladamente la nutrición de los patos, los distintos tipos de alimentación y sus pros y sus contras, los riesgos de desnutrición y las golosinas seguras que puedes darle a tus patos.

Los patitos necesitan niveles de proteínas más elevados que los patos adultos porque aún se están desarrollando y creciendo [40]

Necesidades nutricionales para cada etapa de la vida de un pato

Debes alimentar a tus patos con comida adecuada a su edad y necesidades. Al igual que los bebés, hay ciertos tipos de alimentos que los patitos no tolerarán hasta que hayan crecido del todo.

Tres semanas y menos

Los patos de tres semanas o menos deben comer alimentos ricos en proteínas. En esta etapa de su vida necesitan muchas proteínas (alrededor del 18-20%) porque aún se están desarrollando. Sin embargo, no debes alimentarlos con comida para pollos, ya que este tipo no contiene suficiente vitamina B3 y otros nutrientes que los patos necesitan de forma crucial a esta temprana edad.

De tres a veinte semanas

En esta etapa, alimenta a tus patos con comida de alta calidad que favorezca su crecimiento. La comida debe ser para patos o pollos jóvenes. Dado que sus necesidades están cambiando, reduce los niveles de proteínas al 15%.

Veinte semanas y más

Ahora que tu pato ya es un adulto, necesitará una dieta diferente. Aliméntalo con comida para reproductoras o con un alimento para ponedoras de alta calidad que sea adecuado para pollos o patos adultos. Hay muchas opciones entre las cuales elegir, pero los granos mezclados y los pellets son tus mejores opciones. Supongamos que crías patos por sus huevos. En ese caso, debes prestar especial atención a su dieta, porque las carencias nutricionales pueden causar diversas enfermedades y hacer que sus huevos no sean comestibles. Normalmente necesitan una dosis diaria de calcio para producir huevos fuertes. Prueba con sémola de cáscara, ya que contiene aproximadamente un 38% de calcio.

También puede darles una dieta comercial con la cantidad adecuada de frutas y verduras.

Ahora que ya sabes cómo alimentar a tu pato en función de su edad, tienes que aprender a proporcionarle una dieta equilibrada repleta de las proteínas, vitaminas y minerales necesarios.

Proteínas

Cuando la gente oye la palabra proteínas, lo primero que suele venirle a la mente es carne, aves o pescado. Sin embargo, los patos no necesitan el mismo tipo de proteínas que consumen los humanos o los animales. Sólo necesitan los aminoácidos que existen en las proteínas. Los aminoácidos son necesarios para el crecimiento de los patos y pueden proteger su salud en todas las etapas de su vida.

Al igual que los humanos, los patos necesitan unos veintidós tipos de aminoácidos al día. Algunos de ellos se producen de forma natural en el interior de su organismo, mientras que los otros sólo pueden obtenerlos a través de la ingesta de alimentos ricos en proteínas.

Para garantizar que tu pato crezca sano y en buenas condiciones, aliméntalo con alimentos que contengan estos aminoácidos.

Metionina

La metionina es uno de los aminoácidos esenciales que debes incluir en la dieta de tus patos. Puedes encontrarla en los granos de cereales, las nueces de Brasil, las semillas de sésamo, los huevos y el pescado. También existe un suplemento llamado DL-metionina que puedes darle a tus patos en alimentos ecológicos. Sin embargo, si no quieres darle a tus patos productos químicos y prefieres seguir una dieta natural, céntrate sólo en alimentos que contengan metionina en lugar de darles suplementos.

Da a los patitos de hasta dos semanas un 0,70% de metionina. Durante su periodo de crecimiento, redúcela al 0,55, y después al 50% durante su edad de cría.

Lisina

Según un estudio publicado por la Dra. Ariane Helmbrecht, especialista en nutrición animal, los patos necesitan al menos un 1% de aminoácido lisina para su desarrollo. Cuando tienen tres semanas o menos, necesitan altos niveles de lisina para acelerar su crecimiento y reducir el riesgo de problemas de salud. Después de este periodo, sólo necesitarán entre un 0,7 y un 0,95%. La lisina suele encontrarse en la soja, el pescado, las semillas de cáñamo, las semillas de calabaza, el marisco, los huevos y los caracoles.

Arginina

Si crías patos por su carne, aliméntalos con comida que contenga arginina. Este aminoácido puede aumentar su peso sin necesidad de darles comidas adicionales. Puedes encontrar arginina en los productos lácteos, el arroz integral, el trigo sarraceno, los cereales, el maíz, la avena, las semillas de girasol y las semillas de sésamo. Los patos de carne sólo necesitan un 1% de arginina.

Vitaminas y minerales

Los patos necesitan exponerse al sol con regularidad para cubrir sus necesidades de vitamina D. Sin embargo, algunas zonas no suelen recibir suficiente luz solar, sobre todo durante el invierno. En este caso, debes proporcionar a tu pato vitamina D, concretamente vitamina D3, a través de la alimentación o de suplementos. Una carencia de vitamina D puede provocar muchos problemas de salud, como cáscaras de huevo y huesos débiles. Si tu pato tiene niveles bajos de fósforo o calcio, puedes compensarlos aumentando su ingesta de vitamina D. El quelpo contiene altos niveles de vitamina D, así que inclúyalo en la dieta de tu pato.

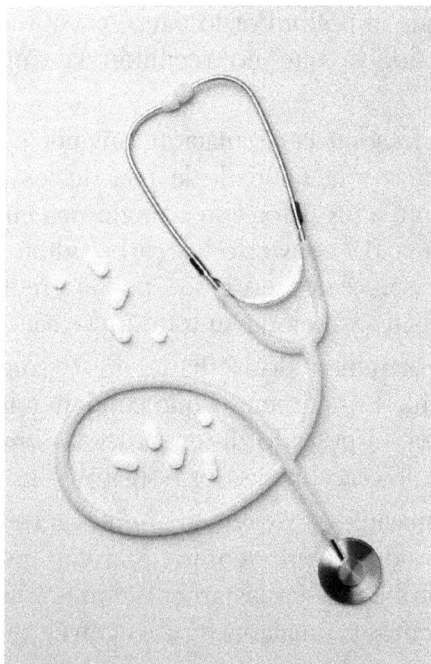

Al igual que los humanos, los patos necesitan vitaminas para crecer y estar sanos [41]

Tus patos también necesitan vitamina A y calcio para su salud y desarrollo. Suelen encontrarlos en alimentos formulados, verduras y hortalizas. Una cáscara de huevo débil es un signo claro de carencia de calcio. Es necesario controlar los huevos de tus patos, ya que pueden decirte mucho sobre su salud. Los suplementos de calcio fortalecerán los huesos y la cáscara de los huevos de los patos y los protegerán contra la osteoporosis y las enfermedades reproductivas.

Los patos ponedores necesitan más calcio que los de carne. Si quieres que tus patos pongan huevos sanos, dales alimentos con altos niveles de calcio, como las semillas de girasol.

Tu pato también necesitará un aporte regular de vitamina E para mejorar su sistema inmunitario. Incluye verduras en su dieta; esto es mucho más fácil si tienes un patio o un pequeño jardín.

Los cereales son una gran fuente de vitamina E, vitamina B y fósforo. Dales a tus patos cereales integrales, maíz o avena, pero evita mojarlos, ya que pueden ser venenosos para ellos.

La niacina, comúnmente conocida como vitamina B3, es vital para la salud de los patos. De hecho, necesitan un nivel mucho más alto de niacina en su dieta que el pollo. Por lo tanto, no se recomienda alimentar a los patos con pollo, ya que no recibirán la cantidad adecuada de vitamina B3.

La niacina puede mejorar la circulación sanguínea, el sistema nervioso, la digestión, las plumas y la salud de la piel de los patos. Es necesario alimentar regularmente a tus patos con comida rica en niacina desde muy pequeños. La vitamina B3 convierte los carbohidratos, las grasas y otros nutrientes en energía. Este proceso puede reducir el colesterol, protegerlos de la diabetes y mejorar su tono muscular.

Los patitos necesitan una dosis diaria de 10 mg de niacina, y los adultos, 12,5 mg al día. Los alimentos que contienen niacina son las pipas de girasol, la calabaza, el pescado de engorde, las sardinas, el salmón, el atún, el trigo integral, los cacahuetes, los boniatos y los guisantes.

La carencia de niacina es extremadamente grave y puede provocar muchos problemas de salud, como diarrea, pérdida de apetito, crecimiento lento, problemas en las articulaciones y las patas que pueden afectar a los movimientos y, en algunos casos graves, puede ser mortal.

Los patos necesitan otros tipos de minerales en su dieta para mejorar su tasa de crecimiento, aumentar su peso y contribuir a la producción de huevos de alta calidad.

- Selenio
- Hierro
- Manganeso
- Zinc
- Cobre
- Potasio
- Sodio
- Cobalto
- Yodo
- Magnesio
- Cloro

Muchos tipos de alimentos son ricos en minerales, como la hierba widgeon, la náyade meridional, la hierba de los estanques, la milenrama, la espadaña, el apio de monte, el arroz silvestre y otras plantas acuáticas.

Agua limpia

Todos los seres vivos necesitan agua limpia y fresca para sobrevivir, y los patos no son una excepción. Tus patos deben tener acceso a agua limpia todo el día. Tanto si los crías por compañía como por sus huevos o su carne no deben pasar más de ocho horas sin agua. La falta de agua puede ser peligrosa para su salud. Puede afectar a su salud mental y física, ya que pueden mostrar signos de estrés, ansiedad y comportamiento destructivo.

Los patos y patitos no sólo necesitan agua para beber, sino que también les encanta bañarse y nadar. Piensa en tu pato como en un niño pequeño que se emociona cada vez que ve agua y quiere meterse en ella enseguida. Sin embargo, no dejes que tu patito nade hasta que tenga dos semanas.

Puedes colocarles un estanque artificial en el jardín para que puedan nadar y hacer ejercicio todo el día. Mantén limpio el estanque retirando regularmente las plantas y hojas muertas y vaciando el agua.

Ventajas y desventajas de los distintos tipos de alimentación

Existen varias formas de alimentar a los patos. Elige el método que te resulte más cómodo y se adapte a tu entorno y situación económica. Esta parte del capítulo se centra en las ventajas y desventajas de los tipos de alimentación más comunes.

Búsqueda de alimento

La búsqueda de alimento, o forrajeo, les permite a los patos explorar su entorno y encontrar su propia comida. Algunas personas creen que no es sano alimentar a los patos porque no se les proporcionan todos los nutrientes que necesitan. Buscar comida les resulta fácil, ya que está en su naturaleza buscarla y cazarla. Obtendrán sus necesidades nutricionales de moscas, gusanos, escarabajos, babosas y caracoles. De hecho, un pato preferirá un insecto a una comida normal o a cualquier otra fuente de proteínas.

El buscar comida o forrajeo les permite a los patos explorar su entorno y encontrar su propio alimento[43]

Ventajas de la búsqueda de comida

Les da la oportunidad de hacer ejercicio

Los patos son extrovertidos. Les gusta estar en grupo para socializar y charlar sobre diferentes temas. La búsqueda de alimento les permite pasar tiempo juntos para hacer ejercicio, establecer vínculos y buscar comida. Pueden moverse y mantenerse activos en lugar de estar confinados en un espacio reducido. Los patos prefieren buscar comida a que se la sirvan. Cuando los dejas buscar comida, les permites estar en su hábitat natural. Por otra parte, los patos en espacios reducidos suelen estar estresados y pueden sufrir diversos problemas de salud. Los patos que buscan alimento están son más sanos y felices.

Los protege contra las enfermedades

Los patos activos tienen menos probabilidades de enfermarse. Cuando los patos están en lugares confinados, no hacen suficiente ejercicio y suelen estar muy cerca de otros patos, lo que los lleva a contraer enfermedades unos de otros. Buscar comida también expone a los patos a la luz del sol y al aire fresco, necesarios para su bienestar.

Les proporciona una mayor ingesta de proteínas

Aunque los alimentos comerciales pueden aportarle proteínas a los patos, una dieta de búsqueda de comida es mucho más rica en proteínas que pueden encontrar fácilmente en insectos.

Es mejor para el medio ambiente

A diferencia de los alimentos comerciales que utilizan fungicidas, herbicidas, pesticidas y productos químicos nocivos, la búsqueda de alimento es mejor para el medio ambiente. Es un método natural que puede mantener sanos a tus patos y proteger las áreas verdes de tu ciudad.

Protege la hierba y el césped

La búsqueda de comida protege el césped de posibles daños. Cuando los patos tienen poco espacio para deambular, lo único que hacen es pisar el césped y acabar con él. Si tienes muchos patos, sus desechos también pueden arruinar tus plantas. Cuando les permites buscar comida, pueden moverse por grandes espacios, por lo que sus desechos no serán un problema, ya que se distribuirán por varias zonas y no se concentrarán en una pequeña parte del terreno.

Controla los insectos

Como tus patos se comerán los bichos de tu patio o jardín, el número de insectos disminuirá drásticamente. También pueden cazar ratas y ratones para reducir el problema de plagas en tu hogar.

Ahorra dinero

En lugar de gastar dinero en alimentos comerciales, deja que tus patos busquen su comida. Acabarás ahorrando mucho dinero.

Es más humano

Los animales y las aves no deberían estar confinados en espacios pequeños. Deben disponer de un amplio espacio en la naturaleza para moverse libremente. Buscar comida es más humano porque sitúa a los patos en su hábitat natural, haciéndolos más sanos, más felices y menos estresados y aburridos. El confinamiento puede hacer que los patos muestren comportamientos poco saludables, como morderse la piel y arrancarse las plumas.

Desventajas de la búsqueda de comida

Predadores

Buscar comida expone a los patos a depredadores como perros, zorros y búhos. Colocar una valla y una red no siempre es útil. Así que, si vives en una zona poblada de animales salvajes, considera otro tipo de alimentación.

Posibilidad de escapar

Si ocurre algo que asuste o estrese a tu pato, puede salir corriendo y no volver jamás. También pueden salir volando, lo que dificulta su captura. Si no puedes mantener a salvo a tus patos, buscar comida puede no ser una buena idea.

Dañan las flores

Los patos se comen cualquier tipo de planta del jardín, incluidas las flores. Por tanto, si tienes un jardín de flores, lo destrozarán.

Alimentos caseros vs. alimentos comerciales

Los alimentos comerciales le ofrecen a tus patos comida preparada en la tienda, normalmente a base de subproductos y granos de cereales. El alimento casero consiste en mezclar varios tipos de alimentos para prepararle una comida nutritiva a tus patos. La mayoría de la gente se debate entre el alimento casero y el comercial. No cabe duda de que querrás mantener sanos a tus patos, pero hay muchas cosas que debes tener en cuenta.

Ventajas del alimento casero

- Más beneficioso que los alimentos comerciales
- Contiene más nutrientes
- Más barato que los alimentos comerciales
- No contiene productos químicos

Desventajas del alimento casero

- Consume mucho tiempo
- Si no conoces los nutrientes adecuados, no podrás preparar una comida sana y provocarás desnutrición.

Ventajas del alimento comercial

- Fácil de conseguir y barato (lee la etiqueta para asegurarte de que tiene todo lo que tu pato necesita)
- Alto contenido en proteínas
- Contiene minerales y vitaminas

Desventajas del alimento comercial

- No siempre cubren las necesidades nutricionales del pato

- Pueden contener productos químicos o aditivos
- Son más caros que la búsqueda de comida y los alimentos caseros
- Contiene pesticidas que pueden causar cáncer

El riesgo de desnutrición en los patos

Los patos pueden sufrir desnutrición si no reciben los nutrientes necesarios. De hecho, es la principal causa de muerte entre los patos. La desnutrición puede afectar a su sistema inmunitario y causar diversos problemas de salud.

Quitarse las plumas

El arrancado de plumas suele ser una clara señal de que un pato sufre desnutrición. O bien no reciben suficientes proteínas, o bien reciben demasiadas grasas y carbohidratos. Si los patos no reciben suficientes minerales o vitaminas, se arrancarán o morderán las plumas. En algunos casos graves, pueden arrancárselas todas. Los patos sin plumas son propensos a infecciones y ulceraciones cutáneas.

Diarrea o estreñimiento

La desnutrición puede causar diarrea, estreñimiento o incluso ambas cosas a la vez. Sus heces pueden ser blandas y más frecuentes, o notarás pequeños excrementos secos aquí y allá. La diarrea y el estreñimiento son claras señales de que necesitas cambiar su dieta. Ponte en contacto con tu veterinario de inmediato para que pueda realizar las pruebas necesarias y recomendarte los nutrientes o suplementos adecuados.

Atascamiento de huevos

El atascamiento de huevos se produce cuando el pato tiene dificultades para expulsar los huevos. A veces, pueden ser tan grandes que se atascan. Esto puede causar graves infecciones o incluso la muerte.

Letargo

Al igual que los humanos, si los patos sufren desnutrición, se sentirán letárgicos y somnolientos. Recuerda que los patos son criaturas activas a las que no les gusta estarse quietas y disfrutan socializando. Por lo tanto, si notas que su comportamiento cambia, es señal de que algo no va bien.

Prevención de la desnutrición en los patos

La desnutrición puede evitarse fácilmente con estos sencillos consejos.

Alimenta a tu pato con una dieta equilibrada

Una dieta equilibrada es el mejor remedio contra la desnutrición. Alimenta a tu pato con las grasas, proteínas, minerales y vitaminas necesarias. Dales el porcentaje adecuado a su edad y necesidades. Si les cambias la dieta, pero no mejoran, consulta a su veterinario, ya que puede recomendarte una dieta mejor o suplementos.

Limpia todo

Asegúrate de limpiar su estanque artificial y de suministrarles sólo agua fresca. Su comida también debe estar limpia y fresca.

Proporciónales actividad física

Los patos no son criaturas estancadas. Proporciónales la oportunidad y el espacio necesarios para hacer ejercicio. Si vives en una zona segura, deja que tus patos busquen su comida.

Evita la comida basura

La comida basura puede afectar a la salud de tus patos y provocarles obesidad e infartos. Evita darles comida sin valor nutritivo, como galletas y pan.

Golosinas seguras e inseguras y plantas forrajeras

Exprésales a tus patos tu cariño dándoles golosinas deliciosas. Sin embargo, asegúrate de darles sólo plantas seguras.

Golosinas seguras

- Gusanos crudos
- Gusanos de harina
- Diente de león
- Trébol
- Hierbas frescas
- Verduras de hoja verde como la lechuga
- Cereales
- Frutos secos
- Hierba cortada

- Judías cocidas
- Huevos cocidos
- Cáscaras de huevo

Golosinas no seguras

- Espinacas
- Huevos crudos
- Carne cruda
- Pan
- Chocolate
- Cafeína
- Alimentos salados
- Judías secas
- Patatas verdes
- Tomates verdes
- Patatas crudas
- Ajo
- Cebollas
- Hojas de ruibarbo
- Semillas y huesos de frutas

Plantas seguras para buscar comida

- Violetas silvestres
- Fresas silvestres
- Hierba Luisa
- Verdolaga
- Ortiga morada
- Llantén
- Hierba de los pantanos
- Artemisa
- Gallina gorda

- Diente de león
- Charlie rastrero
- Trébol
- Aguacate
- Tabaco
- Avena
- Patatas
- Filodrendo
- Sombra nocturna
- Hierba de la leche
- Dedalera
- Oreja de elefante
- Berenjena
- Grano de café
- Lirio cala
- Ranúnculo
- Acacia negra
- Aguacate

Plantas no seguras para buscar comida

- Adelfa
- Roble
- Laurel de montaña
- Espuela de caballero
- Clemátide
- Haba de ricino
- Boj
- Hiedra
- Hierba carmín
- Madreselva

- Corazón sangrante
- Azalea
- Tejo
- Glicinia
- Rododendro
- Narciso
- Iris
- Ranúnculo
- Tulipanes
- Guisantes de olor
- Amapolas
- Lupino
- Amapolas

Criar patos es una responsabilidad considerable. Son seres vivos que requieren cuidados y atención constantes. Debes conocer sus necesidades nutricionales en función de su edad y sus necesidades. Esto es especialmente necesario si vas a alimentarlos con alimentos caseros. En el caso de los alimentos comerciales, lee la etiqueta de los envases para comprobar si contienen suficientes proteínas, minerales y vitaminas.

A los patos les encanta el agua. La beben o nadan en ella. Coloca un estanque de agua artificial o incluso una pequeña piscina para que tus aves naden y hagan ejercicio. También deben disponer de un espacio amplio, porque los patos sufren en confinamiento. Pueden utilizar este espacio para buscar su comida y obtener luz solar y aire fresco. La búsqueda de comida es una de las formas de alimentación más baratas, sanas y humanas. Sin embargo, si no tienes tiempo o espacio, puedes elegir entre alimento casero o comercial.

Controla el peso y los hábitos de tus patos para asegurarte de que no sufren desnutrición. Prepara alimentos equilibrados y dales los suplementos necesarios para proteger su salud y prevenir el riesgo de huevos débiles o enfermedades. Por último, infórmate sobre las plantas y golosinas seguras e inseguras para evitar accidentes que puedan poner en peligro la vida de tus patos.

Capítulo 6: Salud y bienestar de los patos

Los gráciles movimientos y el agradable aspecto de los patos son elementos encantadores de estanques, granjas y fincas. Para mejorar su bienestar general, longevidad y productividad es crucial ofrecerles una atención sanitaria y un bienestar esenciales. Aunque los patos parezcan resistentes y autosuficientes, no son inmunes a los problemas que afectan a todos los seres vivos. Pueden sucumbir a enfermedades, infecciones parasitarias y factores de estrés ambiental que comprometen su salud y bienestar. Descuidar su atención sanitaria puede provocarles sufrimiento y reducir su productividad.

La esencia de este capítulo radica en reconocer el papel vital de una atención sanitaria y un bienestar adecuados para los patos. Al adquirir conocimientos fundamentales sobre sus necesidades y vulnerabilidades únicas, estarás preparado para ser un cuidador responsable y atento de tus amigos emplumados. Este conocimiento mejorará el bienestar general y la longevidad de los patos y maximizará su productividad, ya sea a través de una puesta de huevos más saludable o del control de plagas.

Problemas de salud comunes

Problemas de salud comunes

Los patos que padecen infecciones respiratorias pueden mostrar signos de estornudos, secreción nasal, tos y dificultad para respirar. En determinadas infecciones respiratorias, puede incluso oírse un silbido al respirar.

Asegúrate de que su corral tenga una ventilación adecuada para evitar la acumulación de humedad. Además de limpiar el alojamiento, mantén el entorno limpio y seco, evitando el hacinamiento. Si los patos tienen acceso a una masa de agua artificial, límpiala con regularidad para prevenir el desarrollo de enfermedades transmitidas por el agua, como el cólera aviar. Dales a los patos una dieta equilibrada para reforzar su sistema inmunológico.

Botulismo

Los patos que padecen esta infección que libera toxinas muestran signos de parálisis, debilidad y caída del cuello, la cabeza y las alas. La bacteria Clostridium botulinum prospera en fuentes de agua estancada y contaminada. Mantener la fuente de agua limpia y no contaminada evitará en gran medida el desarrollo de la bacteria causante del botulismo. Los recipientes que suministran agua potable también deben limpiarse con regularidad para inhibir aún más el desarrollo de microorganismos patógenos. En los casos graves, hay que aislar a las aves afectadas y darles cuidados de apoyo si es necesario.

Influenza aviar (gripe aviar)

La gripe aviar o influenza aviar en los patos comienza con signos claros de dificultad respiratoria y reducción de la producción de huevos. A medida que avanza la infección, los patos pueden mostrar la cabeza hinchada y, en infecciones graves, pueden incluso sufrir muerte súbita. La gripe aviar es una infección vírica. Por tanto, es imperativo seguir medidas de bioseguridad. Limita el contacto de los patos con otros animales salvajes o aves, mantén limpias las instalaciones y sigue los protocolos de vacunación aplicados por las autoridades competentes. También debes avisar a tu veterinario y denunciar la enfermedad a las autoridades, ya que esta enfermedad altamente contagiosa puede extenderse como la pólvora. Por último, no olvides reducir al mínimo el contacto con otras especies de aves, ya que la mayoría de las aves silvestres y de corral son portadoras potenciales.

Enteritis vírica del pato (peste del pato)

Los patos infectados con enteritis vírica experimentarán pérdida de apetito, aumento de la depresión y diarrea verdosa o teñida de sangre. En casos graves, la enteritis vírica puede incluso provocar la muerte súbita.

Por la seguridad de la bandada, aísla los patos nuevos antes de integrarlos. Mantén un entorno limpio y desinfectado para minimizar el riesgo de transmisión de enfermedades.

Infecciones parasitarias

Los patos que sufren infecciones parasitarias muestran una pérdida de plumas de leve a grave, una significativa pérdida de peso, una disminución de la producción de huevos y parásitos visibles en las plumas y la piel. Es esencial limpiar y desinfectar regularmente el alojamiento de los patos. Otras medidas preventivas consisten en dar a los patos acceso al polvo donde puedan revolcarse para mantener los parásitos bajo control de forma natural. También debes administrar tratamientos antiparasitarios adecuados previa consulta y supervisión con el veterinario.

Cólera de los patos

Tus patos empezarán a mostrar signos de letargo, perderán el apetito y experimentarán dificultades para respirar. Poco a poco, se les hincharán las articulaciones y los síntomas empeorarán progresivamente. Mantener un entorno limpio, como el alojamiento, las fuentes de agua y las zonas de alimentación, puede mantener a raya el cólera en los patos. Los criadores de patos veteranos sugieren evitar el hacinamiento y ofrecer una dieta equilibrada para reforzar el sistema inmunológico y los procesos metabólicos.

Aspergilosis

En esta infección pulmonar, los patos presentan respiración dificultosa, tos, secreción nasal persistente, letargo y limitación de movimientos. La causa principal del desarrollo de la aspergilosis es la humedad elevada. Mantener el alojamiento ventilado, limpio y seco evitará la proliferación de hongos nocivos y otros microorganismos.

Atascamiento de huevos

Se trata de una enfermedad común asociada a la puesta de huevos en las hembras de pato. Los huevos no se liberan a través del oviducto en el aparato reproductor de la hembra, no pasan por el proceso de maduración y no completan la puesta en el tiempo normal. Los patos con este problema mostrarán signos de letargo y harán varias visitas al nido debido al esfuerzo abdominal.

Es crucial suministrar una dieta rica en calcio para favorecer la formación de la cáscara del huevo. Además, se deben fabricar cajas nido y camas cómodas y vigilar el comportamiento y la frecuencia de puesta de huevos, ya que esta información puede facilitarse al veterinario para un mejor diagnóstico y tratamiento.

Problemas de patas y pies (pie deforme)

El problema más común relacionado con las extremidades de los patos es el pie deforme. Se trata de un absceso que se forma en cualquier zona de la almohadilla plantar del ave. Empieza como una pequeña protuberancia roja e inflamada que puede profundizarse y aumentar de tamaño. Estos bultos también pueden convertirse en lesiones o llagas, dependiendo de sus niveles de inmunidad y de la limpieza de las instalaciones. El signo más evidente del pie deforme es el crecimiento de estos bultos o llagas, que deben vigilarse y tratarse inmediatamente.

Si son varios los patos afectados por estas protuberancias, limpia inmediatamente el suelo, sustituye la cama, reduce la humedad mediante una ventilación adecuada y aliméntalos con una dieta equilibrada para mantener sus niveles de inmunidad óptimos. Sin embargo, si no se observan resultados eficaces, contactar con un veterinario y seguir sus pautas puede evitar que esta bacteria se siga propagando.

Enfermedad de Newcastle

Se trata de una enfermedad vírica muy contagiosa común en patos, pollos, pavos y palomas. Provoca estornudos frecuentes, tos, problemas digestivos y producción de diarrea verdosa, y signos neurológicos como parálisis y torsión del cuello. Las hembras de pato afectadas por esta enfermedad vírica también ven reducida su producción de huevos.

La enfermedad de Newcastle es una infección vírica que se propaga de los patos afectados al resto de la manada. Por lo tanto, practica siempre estrictos métodos de bioseguridad, como la cuarentena y el aislamiento, para evitar la propagación de la enfermedad. Pueden hacerse pruebas de laboratorio para confirmarlo antes de vacunar.

Infecciones inducidas por micoplasma

El micoplasma gallisepticum es un microorganismo que causa enfermedades respiratorias crónicas en patos y aves de corral. Cuando está completamente desarrollada, la enfermedad provoca una disminución de la puesta de huevos, secreción nasal persistente, tos, estornudos e inflamación alrededor de los ojos (conjuntivitis). Como cualquier otra enfermedad, mantener una buena higiene puede reducir la propagación de la misma.

Hepatitis de los patos

Se trata de una infección viral aguda que afecta principalmente a los patitos de menos de seis semanas. La hepatitis viral del pato (DVH) tiene tres subtipos y no afecta a las aves de más edad. Los patos afectados por la infección viral presentan ictericia (coloración amarillenta de los ojos y la piel bajo el pelaje), letargo y disminución de la ingesta de alimentos. La DVH se propaga en entornos insalubres, especialmente a partir de fuentes de agua y patos ya infectados. Aislar a los patos infectados y reducir al mínimo el hacinamiento es crucial para minimizar la propagación.

Es necesario un seguimiento regular, ya que puede revelar signos de enfermedad, cambios de comportamiento o cualquier síntoma inusual. Puedes ponerte en contacto con un veterinario certificado para obtener un mejor diagnóstico y tratamiento. Siguiendo las prácticas de cría requeridas, como mantener limpio el alojamiento, suministrar una dieta equilibrada y aplicar medidas de bioseguridad, se puede reducir significativamente el riesgo de varios problemas de salud y enfermedades.

Infecciones parasitarias (internas y externas)

Aunque existen varias infecciones parasitarias, la mayoría muestran signos comunes de pérdida de peso, disminución del apetito, pérdida de plumas y parásitos visibles en las plumas y la piel en los casos graves. La mayoría de las infecciones parasitarias pueden reducirse mejorando el saneamiento, realizando baños de polvo, desparasitando y tratando los parásitos externos.

Protozoos parasitarios (coccidiosis)

La coccidiosis es una enfermedad parasitaria frecuente en patos salvajes y de granja. Este parásito llega al intestino del pato a través de alimentos contaminados. El parásito vive en el intestino, se alimenta y se reproduce. La coccidiosis provoca disminución del apetito, letargo, diarrea sanguinolenta y pérdida de peso significativa. Lo mejor es consultar inmediatamente a un veterinario para un tratamiento adecuado. Para minimizar el brote, sigue un programa de limpieza regular, como desinfectar y limpiar el alojamiento y suministrarles alimentos frescos y sanos.

La detección precoz, la intervención rápida y la colaboración con un veterinario aviar calificado son esenciales para el diagnóstico preciso y el tratamiento eficaz de estas enfermedades y parásitos. La aplicación de un plan completo de gestión sanitaria, que incluya medidas de bioseguridad, una nutrición adecuada y un seguimiento periódico, contribuirá al bienestar general de tu bandada de patos.

Mantenimiento de la higiene

Mantener una higiene adecuada es necesario para prevenir la propagación de enfermedades y mejorar la salud y el bienestar de la bandada de patos. He aquí algunas prácticas que puedes incorporar a la rutina de gestión de la higiene de los patos.

Higienizar las zonas de estar

Desinfectar el alojamiento, las perchas, los utensilios de alimentación y las fuentes de agua cercanas. No dejes que los desechos se acumulen en una zona específica. Sustituye el lecho húmedo o insalubre y los restos de comida para evitar el desarrollo de microorganismos nocivos y la atracción de plagas. Antes de utilizar desinfectantes o limpiadores, asegúrate de que las sustancias sean seguras para los patos.

Suministrar agua limpia

Es vital suministrar agua fresca y limpia tanto para beber como para bañarse. Cambiar regularmente el agua evita el crecimiento de bacterias, la contaminación y la transmisión de enfermedades, y está libre de contaminantes como heces, excrementos y escombros.

Gestión adecuada de los residuos

Designa una zona de evacuación de aguas alejada de los espacios habitados por los patos, donde puedas compostar los restos de comida o deshacerte de los residuos, reduciendo al mismo tiempo la transmisión de enfermedades.

Aplicar procedimientos de cuarentena

Dado que muchas infecciones virales se transmiten por contacto con patos ya infectados, la aplicación de prácticas estrictas de cuarentena y vigilancia puede garantizar la salud de tu bandada. Siempre que quieras añadir más patos a la bandada, ponlos en cuarentena para evitar la introducción de posibles enfermedades. La vigilancia de los patos en cuarentena para detectar cualquier signo de enfermedad se realiza durante la cuarentena.

Medidas de bioseguridad

Cuando introduzcas patos en un lugar nuevo, sigue las medidas de bioseguridad y limita las interacciones con los visitantes, sobre todo con personas en contacto con otras aves de corral, como pavos y pollos. Del mismo modo, limite su acceso a las aves silvestres, ya que son portadoras y transmisoras potenciales de enfermedades aviares. Si tus patos padecen una enfermedad, brote o infección en curso, asegúrate de que todos los visitantes y cuidadores utilicen ropa desinfectada y calzado viable y sigan los protocolos de bioseguridad para contener la propagación de la enfermedad.

Mantener las condiciones secas

Mantén seca la zona de alojamiento y evita el agua estancada mediante una limpieza periódica. Mantener la zona ventilada, especialmente en condiciones húmedas, limitará la proliferación de bacterias.

Baños de polvo

El baño de polvo es un método natural que practican los patos para eliminar los parásitos externos, mantener limpias las plumas y prevenir el desarrollo de enfermedades relacionadas con la piel.

Higiene de manos y pies

Además de cuidar la bandada de patos, mantén una higiene adecuada de pies y manos después de manipularlos y alimentarlos. Utiliza pediluvios con desinfectante añadido al entrar y salir de la zona de patos para minimizar la transmisión de enfermedades.

Proporcionar una dieta equilibrada

Para mantener a los patos sanos y prósperos, hay que proporcionarles una nutrición adecuada que refuerce el sistema inmunitario, aumente el metabolismo y mantenga el organismo preparado para combatir una infección o una enfermedad.

Educación y formación

Las enfermedades y afecciones aquí expuestas son las más comunes, pero hay varias otras con las que debes estar familiarizado como cuidador. Leer más, unirte a comunidades de cría de patos, hablar con criadores de patos y compartir tu pasión puede aumentar el conocimiento de las enfermedades. Para comprenderlas mejor, puedes hablar de los síntomas, las medidas preventivas y el protocolo de tratamiento con otros criadores de patos.

Asistir a talleres y debatir cuestiones relacionadas con las enfermedades con un veterinario aviar también mejorará tu capacidad para hacer frente con prontitud a estas enfermedades e infecciones. La integración de estas prácticas de higiene en tu rutina de cría de patos te permitirá crear un entorno limpio y resistente a las enfermedades y contribuirá a la salud y longevidad de tu manada.

Buscar ayuda veterinaria

Es necesario saber cuándo buscar ayuda veterinaria. Debes estar atento a varias señales de alarma, ya que indican una enfermedad subyacente o una afección médica que puede requerir la asistencia de un veterinario.

Comportamiento inusual

El comportamiento de los patos cambia significativamente cuando padecen una enfermedad o afección. Se vuelven menos activos, evitan la interacción, se aíslan o muestran un comportamiento agresivo. Estos son algunos signos de que algo puede andar mal en su salud. Consultar a un veterinario puede ayudar a identificar y tratar cualquier problema subyacente que cause estos cambios de comportamiento.

Síntomas de infección respiratoria

Los patos, como todos los animales, pueden sufrir infecciones respiratorias. Si observas síntomas como estornudos frecuentes, tos, respiración dificultosa, secreción nasal o sonidos inusuales al respirar, puede ser indicio de problemas respiratorios. Acudir al veterinario es vital para diagnosticar la causa y administrar el tratamiento adecuado para evitar complicaciones mayores.

Problemas digestivos

Los patos que presentan diarrea persistente, cambios en el apetito, estreñimiento, excrementos malolientes o sanguinolentos son una clara señal para buscar asistencia veterinaria. Consulta inmediatamente al veterinario y coméntale los signos y síntomas que has observado para un diagnóstico y tratamiento eficaces.

Problemas de puesta de huevos

Si tu pato permanece demasiado tiempo en la zona de anidamiento, no pone huevos con regularidad y produce huevos anormales, eso indica problemas con el aparato reproductor. El siguiente paso es llevarla a un veterinario certificado para que la revise.

Cojera o problemas de movilidad

Las lesiones y ciertas afecciones médicas pueden provocar que los patos tengan problemas para ponerse de pie y caminar, así como problemas que afectan a sus patas y pies. Una evaluación veterinaria profesional es esencial para diagnosticar con precisión el problema y recomendar los tratamientos adecuados para mejorar su movilidad y calidad de vida.

Lesiones

Los patos pueden sufrir lesiones de diversos orígenes, y heridas, cortes, fracturas o afecciones como el pie deforme (infecciones en las patas) pueden comprometer su salud. Acudir al veterinario para un tratamiento rápido y adecuado es crucial para prevenir infecciones, controlar el dolor y garantizar una curación óptima.

Infecciones parasitarias

Tanto los parásitos internos como los externos pueden afectar negativamente a la salud de los patos. Supongamos que observas signos de infección, como parásitos visibles en la piel o las plumas, pérdida de peso, debilidad o crecimiento deficiente. En ese caso, es esencial acudir a un veterinario. Una intervención a tiempo puede evitar que los parásitos causen más daños y molestias a sus patos.

Muertes repentinas

Las muertes inesperadas en tu bandada deben ser motivo de preocupación. Aunque algunas muertes pueden producirse de forma natural, las muertes repentinas pueden indicar la presencia de enfermedades contagiosas que podrían propagarse. Consultar a un veterinario puede ayudarte a determinar la causa y las medidas adecuadas para evitar nuevas pérdidas.

Síntomas visibles

Cualquier cambio físico en el aspecto de los patos, como hinchazón, decoloración, llagas abiertas o crecimientos anormales, requiere una evaluación profesional. Un veterinario puede diagnosticar con precisión la enfermedad, recomendar tratamientos y prevenir posibles complicaciones.

Disminución de la producción de huevos

Un descenso repentino de la producción de huevos o cambios en su calidad, como cáscaras finas o formas inusuales, pueden indicar problemas reproductivos. Acudir al veterinario puede ayudar a diagnosticar y tratar estos problemas para garantizar la salud de los patos y su capacidad para poner huevos.

Problemas oculares o nasales

Los patos con síntomas como secreción ocular, hinchazón, enrojecimiento o secreción nasal pueden estar sufriendo infecciones oculares o respiratorias. Es necesario consultar a un veterinario para evitar mayores molestias y complicaciones.

Pérdida de peso inexplicable

Una significativa pérdida de peso en los patos puede indicar varios problemas de salud, como infecciones, parásitos o problemas internos. La asistencia veterinaria es crucial para identificar la causa subyacente y determinar la mejor actuación.

Signos neurológicos

Los patos que muestran síntomas neurológicos como inclinación de la cabeza, temblores, convulsiones o comportamiento anormal requieren una evaluación veterinaria inmediata. Es necesaria una evaluación profesional para determinar la causa y prestar la atención adecuada.

Cambios en las vocalizaciones

Los patos se comunican mediante vocalizaciones. Si observas que uno de ellos se vuelve inusualmente silencioso o muestra nuevos patrones vocales, puede ser indicio de angustia o enfermedad. Un veterinario puede evaluar la situación y recomendar las medidas adecuadas.

Problemas de salud en toda la bandada

Si varios patos de tu bandada presentan síntomas similares o hay un empeoramiento repentino de la salud general de tus patos, puede ser indicio de una enfermedad contagiosa. La consulta al veterinario es esencial para evitar la propagación de la enfermedad y garantizar el tratamiento adecuado de los patos afectados. Observar de cerca a tus patos para detectar cambios de comportamiento, aspecto o síntomas es fundamental para su bienestar. Si detectas algún signo preocupante, es crucial buscar la ayuda profesional de un veterinario con experiencia en atención aviar para obtener un diagnóstico precoz, un tratamiento eficaz y la salud a largo plazo de tu bandada de patos.

Revisiones de rutina

Las revisiones de rutina de los patos requieren una cuidadosa planificación, una atenta observación y una estrecha colaboración con un veterinario experto en aves. Las visitas periódicas al veterinario son esenciales para vigilar la salud de tus patos, identificar problemas emergentes y garantizar su bienestar.

He aquí una guía completa sobre la gestión de las revisiones rutinarias de tus patos:

- Empieza por buscar y establecer una relación con un veterinario aviar calificado.

- Busca a alguien con experiencia en el tratamiento de patos o aves de corral y que, preferiblemente, esté situado en un lugar cómodo para las visitas periódicas.

- Ponte en contacto con el veterinario aviar para programar las citas rutinarias de revisión para tus patos.

- Sigue su calendario recomendado, que puede variar en función de la edad, el historial sanitario y las necesidades específicas.

- Antes de la visita, prepara un registro detallado del historial sanitario de tus patos, con vacunas, tratamientos y problemas de salud anteriores.

- Elabora una lista de preguntas o preocupaciones que te gustaría discutir durante el chequeo.

- Asegúrate de que tus patos estén cómodos y seguros en un transporte bien ventilado.

Hablar de todo con el veterinario

Durante la consulta, permite que el veterinario realice un examen físico completo de cada pato. Esto implica evaluar su peso, condición corporal, ojos, pico, patas, alas y estado general de salud. Aprovecha este momento para compartir cualquier observación o cambio de comportamiento que hayas notado desde la última visita. Pide consejo sobre la dieta, el alojamiento, la prevención de enfermedades y los cuidados generales. El veterinario puede recomendar pruebas diagnósticas como exámenes fecales, análisis de sangre o frotis para detectar posibles problemas de salud, si es necesario. Respeta sus recomendaciones de vacunación, desparasitación y otras medidas preventivas adaptadas a las necesidades de tus patos y a los riesgos potenciales de enfermedad.

El veterinario te explicará las posibles opciones de tratamiento, medicación e instrucciones de cuidado si detecta algún problema de salud. Asegúrate de que entiendes el plan de tratamiento recomendado, incluidos los detalles sobre dosis, administración e instrucciones de seguimiento. No dudes en hacer preguntas sobre el cuidado de los patos, el comportamiento, la dieta, el alojamiento o cualquier otra cuestión que te preocupe. Su experiencia es un recurso valioso. Tras la visita, sigue atentamente sus indicaciones.

Capítulo 7: La belleza del huevo de pato

Los huevos de pato no son fáciles de romper porque su cáscara es más gruesa que la de los huevos de gallina. Aun así, deben manipularse con cuidado. Recolectar, conservar y almacenar huevos de pato no es una tarea sencilla. Lleva tiempo y esfuerzo, pero vale la pena mantenerlos frescos para poder aprovechar sus numerosos beneficios para la salud.

Recolectar, mantener y almacenar huevos de pato no es una tarea sencilla[48]

Este capítulo abarca todo lo relacionado con los huevos de pato. Hablaremos de sus cualidades únicas, explicaremos cómo manipularlos y cuidarlos, y ofreceremos sencillas y deliciosas recetas basadas en ellos.

Recolectar y manipular huevos de pato

Los patos ponen huevos por la noche, así que cuando te levantes al día siguiente, estarán listos para que los recolectes. Déjalos salir de sus jaulas para que hagan ejercicio y busquen comida mientras tú buscas los huevos.

Recoge lo que encuentres enseguida; si no lo haces, anidarán con sus huevos y dejarán de producir. Si los crías por los huevos, no puedes permitirte pasar días sin nuevos. Así que programa una hora cada mañana para ir a la caza del tesoro en el corral de tus patos.

Primero cuenta los huevos. Si el número es bajo, significa que uno o varios patos aún no han puesto ninguno. Lo más probable es que pongan los huevos mientras están fuera. Vigílalos para saber dónde ponen. Suelen elegir siempre el mismo lugar, así que será más fácil encontrarlos en el futuro.

Busca los huevos en sus cajas nido, zona de alojamiento y lecho. Comprueba todos los rincones, porque a veces los patos esconden los huevos para protegerlos. Esto puede llevar tiempo y esfuerzo, pero pronto te familiarizarás con sus hábitos y aprenderás sus lugares preferidos.

El proceso de recolección de los huevos es sencillo. No necesitas ningún equipo especial, ni siquiera guantes. Basta con sacar los huevos con las manos y colocarlos en una pequeña cesta.

Consejos para manipular huevos de pato

- Lávate las manos antes y después de manipular los huevos para proteger al bebé patito de las bacterias.

- Ten cuidado al colocar los huevos en la cesta. Ponlos despacio y con cuidado para que no se agrieten ni se rompan.

- Asegúrate de que la cesta está hecha de materiales sólidos para que no se rompa y dañe los huevos.

Mantener la higiene de los huevos

Aunque recolectar los huevos es fácil, lo complicado es limpiarlos. Los huevos de pato son más difíciles de limpiar que los de gallina. Suelen estar cubiertos de una capa gris que se asemeja a una película y tiene un olor desagradable.

Sigue estos pasos para que el proceso te resulte más fácil.

Instrucciones:

1. Después de recolectar los huevos, lleva la cesta a casa.
2. Con un paño limpio y húmedo, limpia el estiércol y el barro.
3. Limpia la película gris con un estropajo de cocina.
4. A continuación, retira la borra de los huevos enjuagándolos con agua tibia y limpiándolos con una toalla de papel.

Algunas personas prefieren dejar la pruina porque creen que hace que los huevos estén frescos durante mucho tiempo y los protege de las bacterias y el aire. Otros afirman que si vas a vender tus huevos o a utilizarlos enseguida, no debes preocuparte por el tiempo de conservación. Considera las dos opiniones y elige lo que más te convenga.

Los huevos cubiertos de brotes tienen un aspecto poco apetitoso, así que si la caducidad no te preocupa, elimínalos. Sin embargo, si no vas a vender los huevos y la flor no te molesta, consérvala. Si quieres lavarlos, utiliza agua templada. Nunca laves los huevos con agua fría, y evita ponerlos en remojo porque se contaminarán.

Almacenamiento de los huevos de pato

Una vez recogidos y limpios los huevos, debes almacenarlos adecuadamente para evitar que se estropeen, prolongar su vida útil y garantizar que se mantengan frescos durante mucho tiempo.

Instrucciones:

1. Colócalos en un cartón o recipiente para huevos con el extremo puntiagudo hacia abajo a fin de protegerlos de las bacterias.
2. Etiquétalos con la fecha.
3. Guarda el cartón en un lugar fresco, preferiblemente un frigorífico.
4. Coloca los huevos en el frigorífico para estabilizar su temperatura. Si los guardas en la puerta, su temperatura cambiará cada vez que la abras.
5. Utilízalos para cocinar, freír u hornear, igual que los huevos de gallina.

Los huevos de pato sólo duran tres semanas a temperatura ambiente. Si los guardas en la nevera, durarán cuatro meses. Sin embargo, si los lavas, sólo durarán unas cinco o seis semanas en la nevera.

Los huevos de pato pueden estropearse fácilmente, pero hay una sencilla prueba que puedes hacer para comprobar si siguen frescos o no.

Instrucciones:

1. Llena de agua un tarro de cristal grande o el fregadero de la cocina.
2. Coloca un huevo a la vez en el agua.
3. Los huevos frescos se pondrán de lado o se hundirán hasta el fondo.
4. Los huevos que están empezando a perder su frescura se hundirán, pero se mantendrán de pie sobre un extremo. Siguen siendo seguros, pero utilízalos de inmediato, preferiblemente para hornear.
5. Los huevos en mal estado flotan. No son seguros, así que tíralos.

Las cualidades únicas de los huevos de pato

Hay una razón por la que los huevos de pato son tan populares, y cada vez más gente los prefiere a los de gallina. Tienen cualidades únicas que los distinguen, y que van más allá de su delicioso sabor y sus beneficios nutricionales.

Larga conservación

Los huevos de pato se conservan más tiempo que los de gallina porque son más grandes, más difíciles de cascar y tienen membranas y cáscaras más gruesas. Por lo tanto, se mantienen frescos y deliciosos durante mucho tiempo.

Sabor más cremoso

Contienen altos niveles de proteínas, vitaminas, minerales, grasas saludables y más proporción de yema que de clara. Esto les da un sabor mucho más suave, cremoso y rico que los huevos de gallina.

Tamaño grande

Son notablemente más grandes que los huevos de gallina. Por tanto, resulta más económico criar patos por sus huevos que gallinas.

Ideales para hornear

Gracias a su alto contenido en proteínas y grasas, los huevos de pato son ideales para hornear. Con ellos se obtienen galletas y pan ligeros que se deshacen en la boca, suflés y merengues de gran altura, y tartas más esponjosas y deliciosas. Tienen los mismos usos culinarios que los huevos de gallina, salvo que son más sabrosos y cremosos.

Sin embargo, debido a su bajo contenido en agua, pueden tener una textura gomosa si se cuecen demasiado.

Contienen más nutrientes

Los patos a los que se deja buscar alimento producen huevos ricos en nutrientes. Un huevo puede contener niveles más altos de hierro, folato, colina, ácidos grasos, Omega-3 y vitaminas A y D que los huevos de gallina.

Diferentes tipos de proteínas

Los huevos de pato contienen un tipo de proteína diferente al de sus homólogos. Puedes consumir huevos de pato sin peligro si eres alérgico a los huevos de gallina.

Más sabor a huevo

Los huevos de pato tienen más sabor a huevo que los de cualquier otra ave. Aunque el sabor de un huevo depende principalmente de la dieta del ave, el huevo de pato tiene un sabor único. La alimentación basada en la búsqueda de comida también desempeña un papel importante. Los patos que pueden comer lo que quieran de la naturaleza producen huevos con un sabor único.

Más caros

Si piensas vender los huevos, te alegrará saber que los de pato son más caros que los de gallina. Como son más difíciles de encontrar, tienen mejores y únicas cualidades y son estupendos para hornear, muchos chefs y restaurantes de alta gama los prefieren. No tendrás ningún problema para venderlos.

Ahora que ya conoces las numerosas cualidades únicas de los huevos de pato, ¡descubramos algunas divertidas y sencillas recetas para preparar platos cremosos y deliciosos!

Quiche de huevo de pato con verduras de temporada

Este es un sabroso plato que puedes consumir en el desayuno, el brunch, la comida o la cena. Puedes cambiar la receta y experimentar con distintos tipos de verduras.

Ingredientes:

- 4 huevos de pato
- 6 onzas de espinacas tiernas
- 2 dientes de ajo picados
- 1 masa casera o de tarta
- 1 chalota picada
- 4 onzas de queso cheddar rallado
- 1 taza de leche entera
- 1 cucharadita de sal marina
- 1 cucharada de aceite de oliva

Instrucciones:

1. Precalienta el horno a 350°F.
2. Prepara la masa extendiéndola y colocándola en un molde para tartas. Si vas a utilizar masa de tarta comprada, sigue las instrucciones del paquete.
3. A continuación, vierte el aceite de oliva en una sartén grande, colócala sobre el fuego y caliéntala a fuego medio-alto.
4. Espera a que esté caliente y añade las chalotas. Deja que se sofrían durante tres minutos.
5. A continuación, añade las espinacas y el ajo y deja que se cocinen hasta que las espinacas se marchiten.
6. Vierte la mezcla en la base de la masa de tarta para formar una capa.
7. Casca los huevos de pato en un bol pequeño y mézclalos hasta que se rompa la yema.
8. Añade la sal, la mitad del queso cheddar y la leche a los huevos y bátelos para mezclarlos.
9. Vierte la mezcla sobre la de espinacas y, a continuación, esparce el resto del queso.
10. Coloca la mezcla en el horno y déjala cocer durante cincuenta minutos.
11. Sácalo del horno y déjalo enfriar durante cinco minutos. A continuación, córtalo en rebanadas y sírvelo aún caliente.

Clásica pasta carbonara con huevo de pato

Este es un popular plato italiano que puedes preparar para el almuerzo.

Ingredientes:

- 1 ramillete grande de perejil picado
- 1 diente de ajo grande picado
- 3 yemas de huevo de pato batidas
- 200 gramos de Linguini seco (un tipo de pasta italiana)
- 40 g de queso parmesano rallado
- 50 gramos de panceta ahumada en dados (tipo de carne de cerdo)
- 100 gramos de panceta ahumada en dados
- Una pizca de pimienta al gusto
- Parmesano rallado (para servir)

Instrucciones:

1. Vierte agua en una olla grande y añade sal, luego déjala hervir.
2. Pon los linguini secos en la olla y deja que cuezan durante once minutos.
3. Mientras se cuece la pasta, preparar la salsa.
4. Coloca una sartén grande vacía sobre el fuego y déjala a fuego lento.
5. A continuación, añade la panceta cortada en dados y, poco a poco, aumenta el fuego durante unos minutos hasta que la grasa de la panceta se deshaga y esta quede crujiente.
6. Retira la panceta, pero deja la grasa en la sartén.
7. Reduce el fuego a medio-alto, añade la panceta cortada en dados a la sartén y deja que se cocine con la grasa durante tres minutos.
8. A continuación, añade los ajos a la sartén y déjalos cocer hasta que la panceta empiece a estar crujiente.
9. Retira la sartén del fuego.
10. Saca los linguini de la olla y escúrrelos. No deseches el agua.
11. Añade el linguini a la olla y salpícalo con un poco del agua de la pasta.

12. Esparce el parmesano rallado y la yema de huevo de pato por la sartén.

13. Mezcla la yema con la panceta y los linguini y deja que se cocinen suavemente.

14. Añade más agua de cocción de la pasta para que la salsa quede brillante y suelta.

15. Sazona con el perejil y la pimienta negra.

16. Retuerce la pasta en los platos con un tenedor largo y espolvorea la panceta crujiente.

17. Espolvorea más parmesano rallado y sirve mientras esté caliente.

Tostada francesa de huevo de pato con manzanas caramelizadas

Disfruta de este dulce manjar para el desayuno o el brunch. Sírvelo caliente.

Ingredientes para las manzanas caramelizadas:

- ½ cucharadita de canela
- ½ taza de azúcar
- ½ taza de agua
- ¼ taza de mantequilla
- 2 manzanas

Ingredientes para las tostadas francesas:

- 2 huevos de pato
- 4 rebanadas de pan
- 2 cucharadas de mantequilla para freír
- 2 cucharadas de leche de almendras
- ½ cucharadita de canela
- 2 cucharadas de azúcar granulada

Instrucciones:

1. Pela las manzanas y córtalas en rodajas o dados.

2. Coloca las manzanas en una olla y añade media taza de azúcar, agua y mantequilla.

3. Déjalo cocer al fuego durante quince minutos y revuélvelo con frecuencia para evitar que se pegue o se queme.

4. Una vez que las manzanas se ablanden, retíralas del fuego.

5. Casca los huevos de pato en un bol pequeño y bátelos con una batidora.

6. Añade la canela, la leche de almendras y dos cucharadas de azúcar a los huevos de pato y bátelos para mezclarlos.

7. Sumerge cada rebanada de pan por ambos lados en la mezcla de huevo.

8. Calienta una sartén a fuego medio-alto, luego añade la mantequilla y deja que se derrita.

9. Añade las torrijas y deja que se cocinen por ambos lados hasta que se doren.

10. Pon las manzanas caramelizadas sobre la torrija y sirve caliente.

Arroz frito con huevo y pato al ajillo y chile

Este plato chino es fácil de hacer. No tienes por qué utilizar los mismos ingredientes en la receta. Puedes experimentar con otros diferentes y dar rienda suelta a tu creatividad.

Ingredientes:

- 2 huevos de pato ligeramente batidos
- 3 cucharadas de aceite de cacahuete o grasa de pato
- 3 dientes de ajo picados
- 2 cucharadas de salsa de soja
- 2 zanahorias peladas y cortadas en dados
- 3 cebolletas picadas (separar la parte verde de la blanca)
- 3 tazas de arroz cocido y enfriado
- 1 a 3 chiles picantes y pequeños picados
- 1 taza de guisantes frescos
- ½ libra de carne de pato desmenuzada, preferiblemente sobras
- 1 cucharada de aceite de sésamo

Instrucciones:

1. Calienta una sartén grande al fuego.
2. A continuación, añade el aceite de cacahuete o la grasa de pato y deja que se cocine hasta que humee.
3. Añade a la sartén la parte blanca de las cebolletas, las guindillas y el ajo. Remueve durante treinta segundos.
4. Añade los guisantes, las zanahorias, el arroz y la carne de pato, y remueve durante dos minutos.
5. Aparta los ingredientes de la sartén y añade los huevos de pato.
6. Deja que se cuaje mientras lo remueves con un palillo.
7. Saltéalo en el arroz y déjalo un minuto. No lo toques.
8. Debe quedar dorado y crujiente.
9. A continuación, vierte la salsa de soja sobre los bordes del arroz y mezcla.
10. Retira del fuego y añade el aceite de sésamo.

Mousse de chocolate con huevo de pato

Esta deliciosa mousse de chocolate es cremosa y sabrosa y puede ser el postre perfecto para ti y los tuyos.

Ingredientes:

- 3 huevos de pato grandes
- 1 taza de nata espesa y fría
- 2 cucharadas de café fuerte
- 4 ½ onzas de chocolate amargo picado
- 1 cucharada de azúcar
- 2 cucharadas de mantequilla cortada en cubos y sin sal
- Nata montada (opcional)
- Frambuesas (opcional)

Instrucciones:

1. Bate la nata espesa hasta que se ablande y déjala enfriar.
2. Pon el café, la mantequilla y el chocolate a baño maría sobre agua caliente. Revuelve hasta que quede suave.

3. Retira el baño maría del fuego y déjalo enfriar o hasta que el chocolate esté templado.

4. Una vez que la mezcla se enfríe, bate las claras de huevo hasta que se vuelvan cremosas y tomen forma.

5. Añade el azúcar y vuelve a batir hasta que las claras estén a punto de nieve.

6. Añade las yemas y revuelve.

7. Añade ⅓ de la nata montada a la mezcla de chocolate y revuelve hasta que se suelte.

8. A continuación, añade la mitad de las claras de huevo y revuelve.

9. Añade el resto de las claras, y revuelve.

10. Añade la nata montada y revuelve.

11. Sirve la mousse con una cuchara en platos pequeños.

12. Añade la nata montada y las frambuesas por encima para decorar, y déjalo en la nevera de ocho a veinticuatro horas.

Salmón ahumado huevos benedictinos

Si te gusta el pescado y el marisco, disfrutarás con este plato. Esta receta es similar a los huevos benedictinos con un par de giros.

Ingredientes para los huevos y la salsa holandesa:

- 3 cucharadas de mantequilla sin sal
- 1 ramita de albahaca fresca
- ¼ cucharadita de cardamomo
- 1 ramita de estragón fresco
- 2 semillas de cilantro
- 1 hoja de laurel
- 2 granos de pimienta blanca
- 1 chalota picada
- 1 diente de ajo picado
- 4 yemas de huevo de pato
- ⅓ taza de agua

Ingredientes para la cobertura de salmón ahumado:

- Una pizca de pimienta de cayena
- 1 cucharada de zumo de limón recién exprimido
- 1 cucharada de mayonesa
- ½ cucharadita de mostaza de Dijon
- 4-6 lonchas de salmón ahumado
- 2 huevos de pato
- Vinagre de vino blanco

Instrucciones:

1. Coloca la albahaca, el cardamomo, el estragón, el cilantro, el laurel, los granos de pimienta, la chalota y el ajo en una cacerola pequeña.
2. Deja que hierva a fuego lento.
3. Reduce el fuego a bajo y déjalo cocer a fuego lento durante diez minutos.
4. Cuela con un colador o una estopilla y, a continuación, reserva el líquido y desecha el resto de los ingredientes.
5. Pon las yemas de huevo a baño maría.
6. Bate hasta que las yemas se vuelvan blandas y esponjosas.
7. Añade la mantequilla a la mezcla sin dejar de batir.
8. Sigue batiendo hasta que espese.
9. Retira la salsa del fuego, cúbrela con papel de aluminio y colócala en un lugar cálido.
10. Pon los huevos de pato en agua hirviendo y espolvorea un poco de sal por encima, luego vierte un chorrito de vinagre de vino blanco.
11. Una vez cocidos, saca los huevos del agua con una cuchara.
12. Coloca la mezcla pequeña de salmón sobre los huevos de pato escalfados.
13. Vierte la salsa sobre el plato.

Flan cremoso de huevo de pato

Este es un delicioso postre que puedes preparar y guardar en la nevera durante dos días y servirle a tus invitados en un caluroso día de verano.

Ingredientes:

- 2 yemas de huevo de pato
- 4 huevos de pato
- 1 cucharada de extracto de vainilla
- 1 lata de leche condensada
- 1 ¼ tazas de azúcar granulado
- Una pizca de sal

Instrucciones:

1. Precalienta el horno a 350°F.
2. Coloca el extracto de vainilla, la sal, la leche condensada y la crema para batir en una cacerola.
3. Llévalo a fuego bajo o medio y revuelve con frecuencia.
4. Retira la cacerola del fuego y deja reposar la mezcla durante quince minutos.
5. A continuación, prepara otra cacerola y mezcla una taza de azúcar con ⅓ de agua.
6. Déjalo a fuego medio y remuévelo hasta que el azúcar se disuelva.
7. Reduce a fuego lento y déjalo cocer hasta que la mezcla espese y se caramelice.
8. Vierte la mezcla de azúcar en copas de flan.
9. Ponte unos guantes de cocina y mueve los lados de la mezcla en cada taza.
10. Coloca los moldes en una fuente de horno grande.
11. Bate las yemas y los huevos enteros con la mezcla de leche.
12. Vierte la mezcla en las tazas (divídelas uniformemente).
13. Hierve agua y viértela en el molde.
14. Métela en el horno y déjalo cocer durante cuarenta minutos.
15. A continuación, retira el molde del horno y deja enfriar las tazas.

Los patos ponen huevos todos los días. Revisa tu bandada por la mañana y recógelos enseguida. Manipula los huevos con cuidado para evitar que se rompan. Límpiales el barro con una toalla húmeda o seca. Evita lavarlos, o acortarás su vida útil. Si los usas enseguida, puedes lavarlos para quitarles la pruina, ya que es antihigiénica.

Los huevos de pato son únicos en más de un sentido. Son grandes, deliciosos, cremosos y tienen una larga vida útil. Puedes incorporarlos a muchas recetas, y pueden alterar el sabor y la textura de tu plato. También tienen muchos beneficios para la salud, y puedes utilizarlos en lugar de huevos de gallina en cualquier receta.

Capítulo 8: Consideraciones éticas y mejores prácticas

Puede que la cría de patos no esté tan de moda ni sea tan rentable como la de pollos, pero esta práctica va en aumento. Incluso se ha convertido en una tendencia emergente en muchas partes del mundo.

Los patos, especialmente los patitos, son absolutamente adorables. Se los puede adiestrar hasta cierto punto o simplemente jugar con ellos al aire libre. Los patitos imbuidos se quedarán contigo durante toda su vida. Los huevos de pato son más grandes y nutritivos que los de gallina. Por último, estas aves acuáticas también son una gran fuente de carne.

Los patos, especialmente los patitos, son absolutamente adorables"

Si te apasiona la avicultura, no hay motivo para que no críes patos. No te límites a subirte al carro para ganar aceptación o popularidad publicando bonitas fotos y vídeos de patitos en las redes sociales. No hay nada malo en ello, pero no debe ser la única razón para criar estos adorables animales.

Cría patos por las razones correctas y, lo que es más importante, críalos de la forma correcta. Para ello, tendrás que entender las ambigüedades morales que rodean a las distintas técnicas.

Consideraciones éticas sobre la cría de patos

Criar patos como mascotas no tiene ningún conflicto ético, excepto uno, y es grande. Es el argumento universal contra la tenencia de todos los animales como mascotas. La lógica es la siguiente. En una democracia, tú eliges estar bajo la autoridad del presidente. Tú has elegido a esa persona para gobernar tu país. Ellos tienen tu consentimiento, y tú tienes su consentimiento para gobernarte.

Tomemos un ejemplo más cercano. Un empleado trabaja para su empleador. Ha elegido trabajar bajo la autoridad del empresario. El empresario ha consentido que el empleado trabaje a sus órdenes. El consentimiento es mutuo.

En el caso de animales o pájaros, tú eres el único que consiente en ponerlos bajo tu autoridad y convertirlos en tu mascota, ya que la criatura no puede comunicar su consentimiento. Puede que con el tiempo aprenda a quererte, pero mientras adoptas o compras al ser, puede que te odie por quitarle su libertad. Puede que te guste su aspecto y su comportamiento, pero aún no conoce sus sentimientos hacia ti.

En el caso de animales o pájaros, tú eres el único que consiente en ponerlos bajo tu autoridad y convertirlos en tu mascota, ya que la criatura no puede comunicar su consentimiento"

La situación es similar a la de un acosador que secuestra a su presa. La persona secuestrada puede odiar al acosador por haberle quitado la libertad. Con el tiempo, si se los trata bien, pueden empezar a querer a su secuestrador. Es la cruda realidad de tener mascotas. Sabes que el animal o el pájaro está mejor contigo, pero él no lo sabe. Así es la vida, la supervivencia del más fuerte. Aceptémoslo como un bien mayor y sigamos adelante.

O bien, ¿piensas criar patos sólo con fines prácticos, como la producción de huevos y carne? Es comprensible que tengas miedo de encariñarte demasiado con ellos. Pero eso no significa que debas ignorar por completo su cuidado. ¿Sabías que los patos sanos y bien cuidados ponen más huevos y producen mejor carne? En cualquier caso, hay algunas consideraciones éticas que debes tener en cuenta.

• No dejes a un pato sin compañía

Los perros y los gatos pueden prosperar con tu mera compañía. Los patos, sin embargo, rara vez pueden sobrevivir sin otros patos o patitos.

Incluso si lo consiguen, seguirán atribulados durante toda su vida y tendrán una muerte miserable. Al igual que los humanos, sienten soledad y tristeza. Necesitan socializar, procrear y comunicarse.

• No tengas un pato en casa

Al igual que la mayoría de las aves, los patos valoran su libertad. Puede que no vuelen mucho, pero les encanta nadar y pasear a cielo abierto. Si los tienes encerrados en casa, se sentirán abrumados por emociones negativas y es posible que reaccionen haciendo mucho ruido o incluso poniéndose violentos.

• No los deje libres todo el tiempo

Los patos requieren cuidados adecuados, y los patitos aún más. Tienen muchos depredadores, desde los atrevidos cuervos hasta los feroces linces. Si los dejas vagar libres por tu vecindario, un halcón puede abalanzarse y llevarse a los patos, o un mapache puede robar los patitos. Asegúrate de construir un corral seguro para que jueguen o mantén cerrada la puerta del patio trasero.

• No alejes a los patos del agua

A los patos se las llama aves acuáticas por una buena razón. Se bañan y juegan en el agua. Necesitan agua para limpiarse las plumas y eliminar la suciedad de los ojos y las fosas nasales. Además, les encanta chapotear en una piscina, nadar durante largas horas y sumergir la cabeza para limpiarse todo el cuerpo.

• Elige la raza según tus necesidades

Las distintas razas de patos se especializan en acciones diferentes. Por ejemplo, los patos Khaki Campbell producen el mayor número de huevos de todas las razas. Por otro lado, el Pekín Blanco es más conocido por la calidad de su carne. Si quieres un pato como mascota, puedes considerar un Magpie. Es agradable a la vista y rara vez tiene problemas: un pato perfecto para principiantes.

• No críes patos sólo para probar la avicultura

Los patos no son ideales para iniciar tu aventura en la avicultura. Prueba con pollos o perros si eres nuevo en el cuidado de animales y aves. Los patos son sobre todo para cuidadores experimentados. La razón principal es su longevidad. Los patos pueden vivir casi 20 años.

Con el tiempo, si ya no quieres cuidar de ellos, no puedes dejarlos en la naturaleza y esperar que sobrevivan. Probablemente no sobrevivan ni una semana en la naturaleza.

Aunque abandonar a cualquier animal o ave a tu cuidado es cruel, el abandono de patos es especialmente despiadado. Es cierto que pueden sobrevivir en una bandada, como habrás leído en un capítulo anterior. Los patos domésticos tienen un carácter totalmente distinto. Pueden ser menos cuidadosos y más propensos a ser atacados por depredadores.

Ahora que ya sabes lo que no debes hacer al criar patos, a continuación te explicamos lo que puedes hacer respetando la ética de todo el proceso.

Mejores prácticas de cría de patos

Hasta ahora, has aprendido las técnicas básicas y avanzadas de la cría de patos. Es hora de echar un vistazo a todo lo que puedes hacer para sacarle el máximo provecho. Las mejores prácticas varían en función de tus motivos para criar patos.

Criar patitos

Los patos necesitan muchos cuidados, y los patitos aún más. Como son criaturitas adorables, no sentirás ni un ápice la carga de tus quehaceres.

- **Alimentación:** Los patitos sólo necesitan alimentos diferentes a los de los patos durante las dos o tres primeras semanas de vida. Debes asegurarte de que su alimentación sea rica en proteínas (al menos un 20%). También debes darles una cantidad decente (alrededor de 0,45 mg por 500 gramos de peso corporal) de niacina (vitamina B-3) al día. La carencia de niacina puede causar graves problemas, desde cojera hasta deformidades corporales.

- **Agua:** ¿Sabías que la salud de tu patito empezará a deteriorarse en sólo unas horas sin agua? Necesitan agua después de despertarse, antes y después de comer, antes de jugar, mientras juegan, después de jugar y antes de irse a dormir. ¡Ya me entiendes!

En promedio, un pato bebé consume medio galón de agua a la semana, lo que no parece mucho. Eso es porque también tienden a chapotear en el agua, derramando la mayor parte. Lo ideal es tener una fuente para bombear agua limpia de vez en cuando. Pero si utilizas una bañera o un cubo, asegúrate de rellenarlo con agua limpia cada pocas horas.

- **Nadar:** Normalmente, los patitos pueden aprender a nadar poco después de nacer. El problema radica en su capacidad para defenderse del frío. Los patos adultos no se resfrían después de nadar porque segregan una capa de aceite impermeabilizante en las plumas. Los patitos necesitan unas cuatro o cinco semanas para empezar a producir ese aceite y protegerse del frío. Puedes meter a tus patitos en el agua antes de las cuatro semanas, pero procura que no permanezcan demasiado tiempo. En cuanto salgan del agua, ponles una lámpara de calor o colócalos en una incubadora para que no pasen frío.

- **Cría:** Los patitos pueden criarse en cualquier tipo de criadero, pero es mejor hacerlo en un nido. Puedes utilizar una lámpara de calor o una placa calefactora. Mantenlo bien ventilado y con un suministro constante de agua. Sólo necesitan espacio suficiente para moverse un poco, así que no hagas el nido demasiado grande. Ajusta la temperatura a unos 85 grados F, y puedes reducirla unos 5-6 grados cada semana. Sólo necesitan incubar durante las dos o cuatro primeras semanas tras la eclosión.

- **Lecho:** Los patitos están más cómodos en un lecho de paja, que además absorba la humedad. Como los patitos ensucian mucho, tendrás que cambiar el lecho a menudo, y la paja es fácil de encontrar y sustituir. Cuanto más cortos sean los tallos, más a gusto estarán los patitos. Otras alternativas son el heno viejo, las virutas de pino o el mantillo.

Criar patos para carne

Los patos suelen estar listos para el consumo a las 7-8 semanas, por lo que no pueden criarse como patos de compañía.

- **Razas/Especies:** No todas las razas de patos son ideales para la carne. Algunas razas no son del gusto de todos, como el pato palero. En cambio, otras son perfectas para el consumo humano. Si estás pensando en criar un surtido de patos para carne, considera la posibilidad de empezar con un Pekín o un Muscovy. Más adelante podrás pasar a un Moulard o un Rouen.

- **Alimentación:** Dado que los patos se destinarán a la producción de carne en cuanto estén listos, deberás darles una dieta muy rica en proteínas. La proporción recomendada es de un 25% al principio y de un 20% a partir de la 7ª u 8ª semana.

- **Agua:** Mantén una fuente constante de agua potable en las proximidades, como un bebedero para patos. Asegúrate de que esté limpia en todo momento, ya que consumirás lo que ellos beban. Los patos maduros necesitarán más agua que los patitos (aproximadamente de 0,20 a 0,50 galones).

- **Nado:** Los patos no necesitan nadar, pero serán más felices si pueden hacerlo al menos una vez al día. Coloca una fuente o cuenco poco profundo para que los patitos no se ahoguen. Cuando maduren y puedan flotar durante horas, déjalos jugar en una piscina más profunda y ancha.

- **Empollado:** Puesto que los patos de ocho semanas no van a producir huevos, su casa de cría debe construirse como la de los patitos. Mantén una temperatura de unos 80º F.

- **Lecho:** No es necesario que cambies el lecho de tus patitos cuando se conviertan en patos. Si hasta ahora has utilizado paja, sigue con ella. Se habrán acostumbrado a tenerla debajo mientras duermen. Si cambias el material por heno en mitad de su crecimiento, puede que empiecen a sentirse incómodos.

Criar patos para huevos

Si vas a criar patos sólo para consumir o vender huevos, entonces no es una opción viable. Los costos de criar patos serán mucho más elevados que los de los huevos comprados en un supermercado. También puedes plantearte criarlos para obtener carne o simplemente tenerlos como mascotas.

Las hembras suelen empezar a poner huevos a los seis o siete meses. Pueden seguir produciendo una cantidad relativamente alta de huevos hasta alrededor de los ocho años de edad, momento a partir del cual su capacidad de puesta empieza a disminuir gradualmente, hasta detenerse por completo unos dos años más tarde. Si los crías también para carne, se recomienda sacrificarlos a los 18 meses.

- **Razas/Especies:** Aunque todas las hembras de pato ponen huevos, el número de huevos puestos al año varía de una especie a otra. La Khaki Campbell es la preferida por la mayoría de los amantes de los huevos de pato a nivel mundial. Pone unos 300 huevos al año y es una de las razas más fáciles de cuidar. Los patos Corredores, procedentes sobre todo de Malasia, también pueden alcanzar los 300 huevos. Para una gama decente de unos 200-250 huevos al año, puedes considerar la cría de Magpie, Saxony, Pekin, Ancona o Welsh Harlequin.

- **Alimentación:** Cuando estén en la fase de patitos, necesitarán alrededor de un 20% de proteínas y una cantidad decente de niacina. Su alimentación (tanto la de los patitos como la de los patos) debe ser especialmente rica en calcio (en torno al 4%) para garantizar unos huevos fuertes. La mayoría de los alimentos para patos disponibles en el mercado contienen la proporción adecuada de nutrientes, pero no está de más comprobarlo antes de comprarlos.

- **Agua:** Al igual que los patitos y los patos de carne, las ponedoras también necesitan mucha agua para producir huevos de buena calidad. Mantén cerca de su casa una fuente que fluya y se refresque a menudo con agua limpia. Un estanque requiere que limpies el agua poco después de que beban.

- **Nado:** Las ponedoras de huevos nadan el mismo tiempo que los patos de carne, así que asegúrate de construir una piscina exterior.

- **Empollado:** Las distintas razas de patos empollan durante periodos de tiempo diferentes. El Khaki Campbell requiere al menos tres semanas de cría, mientras que el Pekín puede hacerlo en dos semanas. La cámara de cría debe ser la misma que la mencionada para los patitos. Recuerda que la humedad, la ventilación y el calor son fundamentales para la crianza: Los patos necesitan ventilación tanto como protección frente a los depredadores. Su corral debe tener muchas ventanas y un tejado para mantener a raya a los carnívoros voladores. No necesitas crear un lecho especial para los patos adultos. Ellos buscarán los materiales necesarios y construirán un nido por su cuenta. Para ayudarlos, basta con colocar cerca un montón de paja o un fardo de heno viejo.

Criar patos como mascotas o decoración

¿Quieres presumir de tus patos ante tus amigos y vecinos o en las redes sociales? Prueba criar razas conocidas por su belleza. Los patos ornamentales no suelen ser conocidos por el sabor de su carne, y sus huevos son simplemente una ventaja añadida (pueden producir unos 100-200 huevos al año). En el caso de los patos de compañía, lo más importante es su salud.

En el caso de los patos usados como mascotas, lo más importante es su salud[46]

- **Razas/Especies:** Debes tener mucho cuidado al elegir la raza de tus mascotas. Todos los patitos son adorables, pero la cuestión es cómo serán de mayores. ¿Quieres darle un toque de color a tu corral? Elige las razas de pato Mallard, Cayuga y Wood. ¿Quieres crear un ambiente sobrio? Nunca te equivocarás con los patos Rouen o Buff Orpington.

- **Alimentación:** La alimentación de tus patitos es la misma que la mencionada en un apartado anterior. Una vez que se conviertan en adultos, puedes dejar que busquen comida por su cuenta. Comerán insectos, bichos, lombrices de tierra e incluso algunas hojas y raíces de plantas. Para una nutrición adecuada y a salvo de los depredadores, mantén siempre lleno su comedero para que no tenga que aventurarse en la naturaleza.

- **Agua:** Las necesidades de agua de los patos domésticos y ornamentales son las mismas que las de las demás razas (de 0,25 a 0,50 galones al día).

- **Nado:** Necesitan nadar a menudo -como todas las demás razas de patos-, así que construye una piscina suficientemente grande a su alcance.

- **Empollado:** Las ponedoras, aunque pongan menos huevos que otras especies, necesitan empollar durante un número determinado de semanas. Su corral de cría no tiene por qué ser diferente del de otras razas.

- **Lecho:** La paja es el lecho más utilizado por los patos de compañía, al igual que sus congéneres de carne y de puesta de huevos.

Consejos para el sacrificio casero de patos

Como ya sabrás, la mayoría de los patos de carne están listos para ser sacrificados al cabo de unas 7 semanas. No obstante, es prudente esperar unos meses antes de sacrificarlos para poder sacarles más carne. Los tiempos de espera varían según la especie. Por ejemplo, los patos Muscovy alcanzan el peso ideal de dos kilos en unos cuatro meses, mientras que los Pekin pesan 4 kilos en sólo dos meses. Una vez que estén listos, sigue los siguientes consejos para obtener una carne óptima de tus patos.

- No alimentes a los patos durante unas 14 horas antes del sacrificio para facilitar el proceso.

- Matar a un pato con un cono de matanza es más fácil y más humano, pero si no encuentras un cono lo suficientemente grande, puedes considerar colgarlo con una cuerda atada a las patas y luego matarlo.

- El proceso de despiece comienza con el desollado o el desplume. Asegúrate de que el cuchillo de carnicero está bien afilado al desollar. Antes de desplumarlo, debes escaldarlo en una olla con agua caliente. A continuación, desplúmalo a mano.

- Coloca el pato debajo de un grifo o cerca de un lago para garantizar una limpieza rápida y fácil.

- Coloca la carne desplumada en la nevera durante 24 horas antes de trasladarla al congelador.

Sacrificio humanitario de patos

- Coloca el pato boca abajo en el cono de matanza. Esta postura invertida hará que sus últimos momentos sean más tranquilos y relajantes.

- Sujeta la cabeza por el pico y corte con el cuchillo ligeramente por encima de la mandíbula. Ahí es donde se encuentra su arteria principal. No sentirá ningún dolor y se desangrará rápidamente.

Capítulo 9: Integración, compañerismo y crianza

Al igual que los humanos tienen estructuras y normas sociales complejas, los patos tienen su propia forma de establecer el orden. Para criar patos, es necesario comprender su orden social, de modo que puedas conocerlos a su nivel. Reconocer que los distintos entornos afectarán a tus aves de distintas maneras es el principio para entender el comportamiento de los patos. Debes encontrarte en el medio interpretando su lenguaje corporal y sus respuestas conductuales. Observar a tus patos puede revelarte detalles sobre sus deseos y necesidades.

Prestar atención a los detalles es clave para criar con compasión a estas interesantes aves. Al igual que los humanos, pueden ser crípticos y difíciles de entender si no estás bien informado. Al igual que debes observar el tono y el lenguaje corporal para comprender lo que una persona está comunicando, en el caso de los patos puedes interpretar su estado de ánimo, su mentalidad y su personalidad a través de la forma en que se relacionan contigo y con tus otros animales. Mediante esta comunicación sutil, descubrirás hasta qué punto cada pato es único en función de su temperamento y sus interacciones contigo. El reino de los patos está lleno de personajes, así que nos espera un turbulento pero divertido viaje. No dejes que las pequeñas jorobas te despisten. Cuando se trata de estos animales, la perseverancia es la clave.

Los patos tienen el corazón en las alas. Si sabes en qué fijarte, sabrás inmediatamente cuándo no están contentos. Los patos muestran complejas interacciones interpersonales, desde sus vínculos con los cuidadores hasta su socialización en grupo. Comprender estos comportamientos puede ayudarte a criar patos y a crear un hogar que maximice su bienestar. El respeto y la paciencia son los pilares que sostienen el éxito de la cría de patos. Tomar decisiones pensando en los intereses de tus patos dará como resultado una manada feliz y sana.

En función de los resultados que desees obtener, deberás crear un hábitat para patos que apoye los objetivos que prevés para tu bandada. El cuidado de los patos es diferente si los cría para producir o como mascotas. Los patos pueden ser agresivos y a menudo pican a las personas. Para evitar lesiones en las aves o en las personas con las que se cruzan, debes ser consciente de las señales de advertencia de la agresividad y de lo que es más propicio para un entorno tranquilo. En esencia, si te portas bien, tus patos se portarán bien. Sólo tienes que entender que ellos perciben el mundo de forma distinta a la tuya, por lo que la comunicación requiere un cambio de perspectiva.

La magia de la cría de patos radica en llegar a un punto de entendimiento entre especies. Cuando aprendas a descodificar los sonidos y las acciones de tus patos, conocerás mejor su mundo. Además, abrirás una puerta para que tus animales conecten contigo. La cría ética de patos exige crear un entorno que les permita estar cómodos, tranquilos y contentos. Como criaturas sociales que son, los patos entablarán una relación contigo como cuidador y con los demás miembros de tu bandada. Debes facilitar un comportamiento deseable porque pequeños errores pueden cargar de agresividad a unos patos intolerables.

Interacciones sociales de los patos

Los patos funcionan dentro de grandes grupos sociales. Es posible criar un pato solitario, pero formarán vínculos contigo. Los grupos de patos se denominan *bandadas*. Los patos salvajes migran para seguir patrones climáticos favorables, pero los domésticos suelen quedarse en la zona donde se criaron. Estas peligrosas migraciones son parte de la razón por la que los patos han formado estructuras sociales tan complejas. En la naturaleza, para que los patos sobrevivan, la cooperación significa la diferencia entre remar con gracia por un estanque pintoresco o convertirse en un tentempié al mediodía.

Los patos funcionan en grandes grupos sociales [47]

Los patos han desarrollado una jerarquía social lineal conocida como orden jerárquico, sobre todo a la hora de aparearse. Las hembras ponen huevos en función de quién sea la de mayor rango. La que lleva la delantera pone huevos primero, y el resto la siguen en orden descendente de importancia. Los patos machos, o drakes, también tienen un orden similar, siendo el macho líder el primero en aparearse. Las hembras cuidan de sus huevos de forma colectiva. El orden jerárquico también se aplica a la alimentación: los patos líderes comen primero y los de rango inferior, al final.

No todas las razas son iguales. Algunas son dóciles, mientras que otras son más agresivas. Debes pensar en ello antes de decidir qué patos vas a criar. Razas como el pato Pekín protegen sus nidos con más agresividad, lo que a menudo provoca conflictos con personas u otros animales. Al elegir una raza para criar, es esencial sopesar la dinámica de tu propiedad. Si tienes perros, quizá te convenga una raza menos agresiva, porque un altercado entre un perro y un pato puede tener consecuencias sangrientas. Los patos atacan a los niños pequeños si sienten que sus nidos están amenazados, así que si tienes pequeños correteando, deberás educarlos sobre cómo comportarse con los patos. Es preferible elegir una raza más adecuada para que los niños interactúen con ella.

Una forma de reducir la agresividad es separar a las hembras de los machos. Tanto las hembras como los machos pueden ser protectores con sus parejas, por lo que mantener una mezcla de ambos sexos no suele acabar bien, sobre todo entre las razas más agresivas. El espacio también puede ser un problema, porque la biología evolutiva de los patos está pensada para recorrer largas distancias y moverse mucho. Por lo tanto, no es aconsejable tener patos en casa, ya que puede crear angustia a quienes prefieren la amplitud.

Vínculos con los cuidadores

Las inclinaciones sociales de los patos facilitan el establecimiento de vínculos con ellos. A diferencia de otras especies de aves que son solitarias e incapaces de interesarse por uno, los patos son seres sentimentales. Uno de los acontecimientos clave que ponen de manifiesto la naturaleza social de los patos es el fenómeno de la impronta. Cuando un patito sale del cascarón en la naturaleza, se imprime en su madre y en algunos de sus hermanos. La impronta es un vínculo que se forma y que ayuda al patito a determinar a quién debe seguir. Si eres el cuidador principal de un patito, se fijará en ti, sobre todo si no hay otros patos cerca.

Si un pato se fija en ti, identificará a los humanos como parte de su círculo social mientras viva. Esto podría ser útil en un entorno donde los patos interactúan a menudo con la gente. Los especialistas en fauna salvaje han advertido que no se debe inducir a los patos salvajes a que tomen improntas de los humanos, ya que esto los pone en desventaja en el mundo natural. Para los animales domésticos, la impronta no es un problema. Los patos que han dejado impronta en los humanos no serán necesariamente socializados y amistosos. El proceso de impronta significa que los patos no temerán a los humanos, lo que podría tener el efecto adverso de provocar un comportamiento agresivo.

No es aconsejable dejar que tus patos se impriman en ti, aunque parezca una gran experiencia. Los patos imbuidos están muy lejos de la pintoresca imagen de una princesa bailando por un sendero del bosque con animales mansos siguiéndola mientras canta notas altas. Los patos con impronta humana están en desventaja porque se quedan atrapados en un extraño limbo en el que no pueden socializar plenamente con patos o humanos. Por lo tanto, los patitos deben pasar la mayor parte del tiempo con su madre para socializarse plenamente en la comunidad de patos. Cuidar a los patitos es importante en esta primera y vulnerable etapa de su vida, pero no puede hacerse sacrificando su bienestar a largo plazo.

Los patos silvestres que han dejado impronta en los humanos nunca pueden ser devueltos a su hábitat natural. Por lo tanto, si tus patos han tomado tu impronta, es un compromiso de por vida. Los patos domesticados pasan toda su vida en una granja o en una granja doméstica, por lo que la impronta humana en ese contexto no es tan perjudicial. Los patos están genéticamente predispuestos a establecer relaciones sólidas con su sistema de apoyo. Como vas a criar patos, ya estás integrado en su círculo social.

Cómo introducir nuevos patos en una bandada existente

Dado que los patos pueden ser conflictivos, la introducción de nuevos ejemplares en la bandada debe estar bien pensada y planificada. No basta con echar un pato nuevo al estanque y esperar que todos se lleven bien. Al igual que los humanos tienen formalidades y reservas a la hora de conocer a gente nueva, los patos deben seguir protocolos sociales similares. Lo primero y más importante, antes de introducir un nuevo pato en la bandada, es realizar una evaluación sanitaria. Los patos son resistentes, pero pueden enfermar. La evaluación médica de tu nuevo pato debe incluir comprobaciones de enfermedades respiratorias, problemas de movilidad y parásitos. Los patos son sociables e interactúan entre sí en estrecha proximidad, por lo que cualquier enfermedad infecciosa tiene la mezcla perfecta de variables para propagarse rápidamente. Durante el periodo de evaluación médica, los nuevos patos deben permanecer en cuarentena.

También es importante el momento en que se introducen los nuevos patos. La época de apareamiento de los patos es en primavera. Es un pésimo momento para introducir nuevos miembros. Las hormonas se están volviendo locas, por lo que el comportamiento errático está casi garantizado. Los machos demasiado entusiastas también pueden dañar a las nuevas hembras que se introducen en la bandada.

Además, las hembras también pueden ser competitivas en esta época debido a sus hormonas, por lo que esto podría dar lugar a enfrentamientos con una nueva hembra. Si adquieres nuevos patos durante la época de apareamiento, lo mejor sería mantenerlos separados hasta que termine la temporada. La primavera puede ser volátil para los patos, por lo que meter a alguien nuevo en la mezcla podría ser agitar la olla demasiado.

Si tienes varias bandadas, puedes introducir al nuevo pato en el grupo que consideres más acogedor. Puedes observar las interacciones de tus patos a diario para saber cuál de tus bandadas es más tranquila. Si una bandada ya es caótica, puede ser desaconsejable intentar introducir nuevos patos porque esa energía se dirigirá hacia el recién llegado. Será más fácil si la bandada en la que se introduce un nuevo pato ya es dócil y sumisa. Esta bandada sumisa es con la que tendrá más facilidad durante las introducciones.

Los nuevos patos que desees integrar deben introducirse gradualmente en la bandada. Un método que puedes utilizar es mantener al nuevo pato separado, pero en un lugar adyacente donde los patos puedan interactuar sin contacto físico directo. Esto puede darle tiempo a la bandada para adaptarse al nuevo miembro. Un cambio repentino puede resultar chocante, por lo que es justo dar tiempo a los patos para que se adapten al cambio. Recuerda que los patos forman fuertes vínculos sociales, por lo que aún no han conectado con el nuevo pato, que es un extraño. Durante este periodo inicial de integración, debes vigilar de cerca a tus patos para asegurarte de que nadie resulte herido.

En las fases iniciales de la incorporación de un nuevo pato a la bandada se producen algunas peleas. Este conflicto es normal porque debe establecerse el orden social del grupo. Las peleas son la forma que tienen los patos de organizarse en una jerarquía ordenada. Tu observación consistirá en asegurarte de que las peleas no se te vayan de las manos, porque no querrás que ninguno de tus patos resulte gravemente herido. La alimentación puede ser otro problema a la hora de introducir nuevos patos. Observa lo bien que comen tus nuevos patos porque es habitual que una bandada original expulse a los nuevos miembros de las zonas de alimentación. Sin embargo, un pato nuevo puede integrarse plenamente en la bandada al cabo de un par de semanas con tu ayuda y orientación.

Comportamientos de apareamiento

La época de apareamiento es interesante para los patos. Al igual que las relaciones humanas, la vida amorosa de los patos puede volverse complicada y competitiva. Los patos comunican sus intenciones de apareamiento con el lenguaje corporal. Sus rituales de cortejo incluyen mucho coqueteo. Los machos atraen a las hembras con elaborados bailes en los que mueven la cabeza y muestran sus plumas. Una hembra interesada moverá la cabeza junto con el pato macho en un elaborado ejercicio de cortejo.

Los rituales de cortejo de los patos incluyen mucho coqueteo[48]

Los machos despliegan las alas y levantan la cola para mostrar sus coloridas plumas secundarias y atraer a la hembra. A continuación, el macho se sumerge en el agua y vuelve a salir emitiendo un gruñido. Esta exhibición suele hacerse en grupo para que la hembra pueda elegir al mejor pretendiente. Los patos utilizan diversas vocalizaciones y lenguaje corporal para comunicar sus intenciones y sentimientos. Los silbidos son un signo de agresividad, mientras que otras variaciones de graznidos y pitidos comunican que están contentos o disgustados. Estas vocalizaciones pueden utilizarse para colaborar, como cuando los patos vuelan juntos en formación.

Las hembras interesadas en el cortejo mantienen la cabeza baja, cerca del agua, mientras nadan distancias cortas. También mueven la cabeza arriba y abajo para mostrar su deseo. La competencia puede llegar a ser feroz, ya que cada hembra y cada macho intentan conseguir el mejor intermediario para su genética. En la época de apareamiento, los patos se pelearán más y serán extra agresivos. Ten en cuenta que, si no tienes cuidado, los patos pueden hacerte daño a ti y a tus otros animales en la época de celo. Presta atención a su lenguaje corporal y a sus vocalizaciones, porque suelen avisar antes de atacar. Un buen hábito a adoptar durante la época de celo es comprobar si tus patos están heridos debido al mayor riesgo de peleas durante este periodo.

Los patos son semimonógamos. A diferencia de otras especies de aves, como los pingüinos, que se aparean de por vida, los patos eligen una nueva pareja cada temporada. La ventaja evolutiva de esto es la capacidad de elegir las parejas más adecuadas cada año, ya que pueden haberse deteriorado con el tiempo. Si tu objetivo es criar a tus patos, debes mantener una proporción equitativa entre hembras y machos. Esto minimizará los conflictos y te ayudará a mantener un flujo constante de nuevos patos maximizando tu capacidad de cría.

Anidación e incubación

Los patos construyen nidos minimalistas en el suelo con ramitas, cañas y hierba. Si quieres recolectar huevos, debes crear un espacio con los requisitos adecuados que una hembra pueda utilizar para construir un nido. Los nidos de pato en el suelo explican por qué se vuelven protectoras después de poner los huevos. Un nido en el suelo es fácilmente accesible a los depredadores y puede ser pisoteado por error. Para encontrar nidos, debes buscar en zonas de juncos que estén cerca del agua. Los patos son emocionales e inteligentes, por lo que debes ser cuidadoso y respetuoso al manipular sus nidos o huevos. Aborda el proceso de recolección de huevos con sumo cuidado.

Como criador, quizá quieras asegurarte de que todos tus huevos eclosionan. Por ello, puedes incubar los huevos. Los huevos de pato tardan unos 28 días en eclosionar dentro de una incubadora. La humedad y la temperatura son importantes en esta fase porque ligeros cambios pueden desbaratar este delicado proceso biológico. La humedad de la incubadora debe oscilar entre el 44% y el 55% durante los primeros 25 días. En los tres últimos días, puede aumentar la humedad hasta el 65%. Los huevos deben girarse 180 grados cinco veces al día. Debes tener cuidado de no molestar demasiado a los huevos. Hay un preciso equilibrio que debe alcanzarse con la incubación de patos. Algunas incubadoras más sofisticadas giran los huevos automáticamente.

Criar patitos

Como cualquier otro animal joven, los patitos requieren cuidados adicionales. Tus patitos serán criados principalmente por su madre, o los criarás a mano en una incubadora. Si crías a tus patitos sin una hembra, serás responsable de darles lo que la hembra les habría dado, como comida, calor, cobijo y seguridad. La incubadora en la que se crían los patos debe ser blanda y cómoda.

El control de la temperatura es esencial para criar patitos sanos. El entorno en el que viven debe estar a 90 grados. Al cabo de unos días, baja la temperatura a 85 grados. A continuación, puedes bajar la temperatura cinco grados cada semana hasta que tengan unos treinta días. Un patito tarda unos tres meses en crecer completamente. La calefacción se hace con una lámpara. Si ves que los patitos se acurrucan bajo la lámpara, significa que tienen frío. Si los patitos jadean y evitan la lámpara, es que tienen demasiado calor.

Los patitos nadan desde el primer día. Puedes iniciarlos en un recipiente pequeño o incluso en una bañera antes de introducirlos en una masa de agua más grande. Pasan gran parte de su tiempo en el agua. Asegurarte de que tus patitos nadan felices es un ejercicio que apreciarán de verdad. Cuanto más crezcan los patitos, más tiempo podrán pasar fuera, al sol y al aire libre. Los depredadores, como gatos, serpientes y pájaros, son peligrosos para tus patitos. Igual que una madre protege a su cría, tú también debes vigilar cuando los patitos estén en el jardín. El color amarillo brillante de las plumas empezará a cambiar lentamente a medida que crezcan y es un indicador de madurez. También tienen un alimento especializado que puedes conseguir en distribuidores calificados, pero además pueden comer gusanos de la harina, melón troceado y avena cocida. Por último, asegúrate de que tus patitos tengan un suministro constante de agua potable en un recipiente pequeño.

Capítulo 10: Desafíos, soluciones y preguntas frecuentes

La cría de patos se convierte en un juego de niños cuando conoces los retos que conlleva. Mantener el enfoque correcto y aplicar las soluciones adecuadas hará que tu viaje de cría de patos sea agradable y sin complicaciones. He aquí un rápido repaso de los problemas y retos sanitarios más comunes.

Criar patos puede suponer una serie de retos, pero vale la pena [49]

Desafíos en la cría de patos

Problemas de salud

Calidad del agua: Los patos dependen mucho del agua. Asegúrate de ofrecerles agua limpia y fresca en todo momento. El agua estancada o sucia puede provocar problemas de salud, por lo que debes cambiarla con regularidad. Además, los patos deben tener acceso a una piscina poco profunda para nadar y limpiarse.

Parásitos: Inspecciona regularmente a tus patos en busca de parásitos externos como ácaros y piojos. Éstos pueden causar molestias y diversos problemas de salud. Consulta a un veterinario para determinar los tratamientos adecuados y las medidas preventivas para mantener a tus patos libres de parásitos.

Problemas respiratorios: Los patos desarrollan enfermedades respiratorias, sobre todo en entornos húmedos e insalubres. Mantener una ventilación y limpieza adecuadas puede prevenir de forma significativa la proliferación de bacterias nocivas o gases tóxicos como el amoníaco.

Botulismo: Los patos son susceptibles de contraer botulismo, una enfermedad potencialmente mortal causada por toxinas producidas por bacterias presentes en el agua contaminada. Mantén limpia la zona donde viven y elimina cualquier fuente potencial de contaminación. No los alimentes con comida en mal estado o mohosa.

Conductas agresivas

Socialización: Los patos tienen un orden jerárquico y pueden mostrar agresividad, sobre todo cuando se introducen nuevos miembros en la bandada. Introduce gradualmente nuevos patos, dándoles tiempo para establecer su jerarquía. Supervisa sus interacciones y facilítales escondites para reducir el estrés.

Espacio: El hacinamiento puede provocar agresiones. Asegúrate de que tus patos tengan suficiente espacio en la zona donde viven para moverse cómodamente. La falta de espacio también puede provocar estrés y problemas de salud.

Escondites: Los patos necesitan lugares donde esconderse o escapar. Facilítales escondites en su recinto, como cajas o arbustos, para que puedan retirarse si lo necesitan.

Preocupaciones dietéticas

Dieta equilibrada: Los patos necesitan una dieta equilibrada que incluya gránulos, cereales y verduras. No dependas únicamente del pan o de golosinas poco saludables, ya que esto puede provocar desequilibrios nutricionales.

Arena: Los patos necesitan tener acceso a gravilla, como pequeñas piedras, para facilitar la digestión. La arenilla ayuda a triturar los alimentos en la molleja y mejora la digestión en general.

Suplementos nutricionales: Consulta a un veterinario para determinar si tus patos necesitan vitaminas o minerales adicionales, sobre todo durante etapas como la puesta de huevos. Una dieta adecuada es crucial para su salud general y la producción de huevos.

Problemas en la puesta de huevos

Cajas nido: Pon a disposición de tus patos cajas nido cómodas y seguras con lecho limpio para que pongan sus huevos. Una zona de nidificación propicia reduce el estrés y fomenta una puesta de huevos constante.

Recolección de huevos: Recolecta los huevos con frecuencia para evitar que los patos los picoteen y los rompan. Facilita cajas nido limpias y cómodas para desalentar el comportamiento de comer huevos.

Consideraciones sobre la alimentación

Ajuste: Modifica la cantidad de comida en función de la edad, el tamaño y el nivel de actividad de tus patos. Evita la sobrealimentación, que puede provocar obesidad y problemas de salud relacionados.

Muda

Nutrición: Durante la muda, los patos necesitan nutrientes adicionales para que las plumas vuelvan a crecer sanas. Asegúrate de que reciban una dieta rica en nutrientes para favorecer este proceso natural.

Regulación de la temperatura

Tiempo caluroso: Los patos pueden tener problemas cuando hace calor. Dales sombra, agua fresca y ventilación adecuada para que estén cómodos. Evita el estrés por calor vigilando su comportamiento.

Tiempo frío: Los patos son más susceptibles al frío en condiciones húmedas. Aísla tu refugio y proporciónales un lecho adecuado para mantenerlos calientes durante los meses más fríos.

Salud de pies y piernas

Lecho limpio: Para evitar infecciones en las patas, mantén los lechos limpios. Inspecciona regularmente las patas de tus patos en busca de cortes, llagas o signos de pie deforme, que es una infección bacteriana.

Dinámica social

Observación: Vigila los signos de acoso o aislamiento dentro de la bandada. Si es necesario, separa a los patos agresivos para evitar el estrés y las lesiones.

Cuarentena

Patos nuevos: Pon en cuarentena a los patos nuevos antes de introducirlos en la bandada existente. Esto evita la posible propagación de enfermedades.

Prácticas de higiene

Limpieza: Lávate las manos después de manipular los patos o limpiar su entorno para evitar la transmisión de gérmenes. Desinfecta regularmente el equipo y las herramientas que utilices para su cuidado.

Controles sanitarios rutinarios

Observación: Establece una rutina para observar la salud general de tus patos. Busca cualquier cambio de comportamiento, apetito o estado físico que pueda indicar un problema de salud.

Interacción y enriquecimiento

Creación de vínculos: Dedica tiempo a interactuar con tus patos para generar confianza y reforzar su vínculo. Darles golosinas o simplemente pasar tiempo cerca de ellos puede fomentar una relación positiva.

Enriquecimiento: Aporta enriquecimiento ambiental, como juguetes, estanques poco profundos y escondites, para mantener a tus patos mentalmente estimulados y comprometidos.

Preguntas Frecuentes

Cuidado de los huevos

P: ¿Cómo puedes evitar que los patos coman huevos?

R: Para ello, pon a su disposición nidales limpios y cómodos con suficiente lecho. Recolecta los huevos rápidamente y considera la posibilidad de utilizar huevos falsos para desalentar el picoteo.

Comer huevos puede convertirse en un hábito si no se aborda con prontitud. Los patos pueden romper accidentalmente un huevo y aprender a comerse su contenido. Para evitar este comportamiento, construye nidos acogedores con paja limpia o lecho donde los patos se sientan seguros para poner huevos. Recolectar los huevos con frecuencia reduce la posibilidad de que los patos los picoteen y los consuman. Utilizar huevos falsos o pelotas de golf en los nidos puede disuadir del comportamiento de picoteo al brindar una experiencia poco apetitosa.

Integración de patos

P: ¿Cómo puedes integrar nuevos patos en una bandada ya existente?

R: La introducción gradual de nuevos patos ayuda a reducir el estrés y la agresividad. Al principio, mantén a los nuevos patos separados, pero a la vista de la bandada existente. Tras un periodo de observación, permite interacciones supervisadas para establecer un orden de picoteo. Facilita escondites y varios comederos para reducir la competencia y el acoso.

La integración de nuevos patos en una bandada existente requiere un planteamiento meditado para minimizar el estrés y los posibles conflictos. Los patos son animales sociales, pero establecen un orden jerárquico que puede provocar tensiones iniciales. Permitir que los nuevos patos vean y oigan a la bandada existente antes del contacto directo reduce el choque de la introducción. Las interacciones supervisadas en un espacio neutro le permiten a los patos establecer su jerarquía sin agresiones graves. Proporcionar escondites y múltiples fuentes de comida y agua garantiza que los patos nuevos y los existentes tengan suficientes recursos, reduciendo el riesgo de acoso y favoreciendo un proceso de integración más suave.

Cuidados invernales

P: ¿Cómo puedes mantener calientes a los patos en invierno?

R: Aísla el refugio de los patos con paja, heno u otros materiales adecuados para proporcionar calor. Asegurar una ventilación adecuada para evitar la acumulación de humedad, que puede provocar congelaciones. Los patos generan calor corporal, por lo que acurrucarse puede ayudarlos a mantenerse calientes. Dales un lecho amplio, agua limpia y no congelada y protégelos de las corrientes de aire.

Los patos son más resistentes al frío de lo que parece, pero proporcionarles los cuidados invernales adecuados es importante para su comodidad y su salud. Aislar su refugio con materiales como paja o heno atrapa el calor y crea un ambiente más cálido. Una ventilación adecuada evita la acumulación excesiva de humedad, que puede provocar congelaciones y problemas respiratorios. Los patos tienden a acurrucarse para calentarse, por lo que debes facilitarles espacio y lecho suficientes para que puedan hacerlo cómodamente. Ofrecerles acceso a agua limpia y sin congelar es crucial para su hidratación y bienestar general. Evitar las corrientes de aire y proporcionar un refugio cómodo y aislado contribuyen a que los patos puedan soportar temperaturas más frías.

Vacunas

P: ¿Los patos necesitan vacunas?

R: Aunque los patos no suelen necesitar vacunaciones rutinarias, consulta a un veterinario avícola para que te haga recomendaciones basadas en tu ubicación y circunstancias específicas. Las vacunaciones pueden variar según la región y la prevalencia de enfermedades.

La necesidad de vacunar a los patos varía en función de factores como tu región y la prevalencia de enfermedades específicas. En general, los patos son aves resistentes, pero ciertas enfermedades pueden afectar a su salud y a la producción de huevos. La consulta a un veterinario avícola con conocimiento de los riesgos locales de enfermedad puede determinar si es necesario vacunar a tus patos para protegerlos. La atención veterinaria periódica, una nutrición adecuada y un entorno vital limpio son componentes clave para mantener la salud y el bienestar de tus patos.

Determinación del sexo de los patos

P: ¿Cómo puedes saber si tus patos son machos o hembras?

R: Determinar el sexo de los patos puede ser complicado, sobre todo en algunas razas. Aunque los machos (patos) suelen tener las plumas de la cola enroscadas y las hembras (patas) emiten un graznido más sutil, para determinar con exactitud el sexo puede ser necesario recurrir a expertos profesionales o a pruebas de ADN.

Determinar el sexo de los patos puede ser difícil, sobre todo cuando son jóvenes. En algunas razas, machos y hembras presentan claras diferencias visuales, como las plumas rizadas de la cola en los machos y un graznido más tenue en las hembras. Sin embargo, estos indicadores no son infalibles y pueden producirse variaciones. La pericia profesional o las pruebas de ADN suelen ser la forma más precisa de determinar el sexo de los patos. Algunas diferencias físicas y de comportamiento pueden hacerse más evidentes a medida que los patos maduran, pero basarse únicamente en indicios visuales puede dar lugar a identificaciones erróneas.

Patos incubadores

P: ¿Qué hay que hacer si un pato incuba?

R: La incubación es un comportamiento natural en el que los patos se sientan sobre los huevos para calentarlos. Si no te interesa que incuben huevos, desalienta suavemente este comportamiento retirando rápidamente los huevos. También puedes ofrecer distracciones y considerar la posibilidad de aislar al pato incubador durante un breve periodo de tiempo.

La incubación es un comportamiento instintivo por el que los patos desean incubar y empollar huevos. Aunque este comportamiento es natural, no siempre es conveniente si no estás interesado en criar patitos. Para desalentar la incubación, retira los huevos del nido lo antes posible. Esto evita que el pato se apegue demasiado a los huevos y disminuye la probabilidad de éxito de la incubación. Las distracciones, como el cambio de ubicación del nido o el cambio de la cama, también pueden romper el ciclo de cría. Si es necesario, puedes aislar a la hembra en una zona separada durante unos días para que se concentre.

Puesta de huevos

P: ¿Cuándo empiezan los patos a poner huevos?

R: Los patos suelen empezar a poner huevos alrededor de los 5-7 meses de edad, pero esto puede variar en función de factores como la raza, las condiciones ambientales y la nutrición.

La edad a la que los patos empiezan a poner huevos depende de múltiples factores. La mayoría empieza a poner entre los 5 y los 7 meses, pero esto puede variar mucho según la raza y las diferencias individuales. Una nutrición adecuada y un entorno sin estrés pueden favorecer una puesta más temprana y constante. Factores como la duración de la luz diurna y la temperatura también pueden influir en la producción de huevos. Si vigilas su comportamiento y les brindas los cuidados adecuados, te asegurarás de que tus patos tengan una buena temporada de puesta de huevos.

Cuidado de los patitos

P: ¿Cómo cuidas de los patitos?

R: Los patitos necesitan un entorno cálido y seguro. Utiliza una incubadora con lámpara de calor para mantener la temperatura adecuada. Proporciónales aguas poco profundas y accesibles para que puedan beber y limpiarse. Aliméntalos con una dieta de iniciación formulada específicamente para patitos.

Los patitos son delicados y requieren cuidados atentos durante sus primeras etapas de vida. Una incubadora ofrece un entorno controlado en el que la temperatura es crucial. Una lámpara de calor o una almohadilla térmica garantizan que los patitos se mantengan calientes, ya que no pueden regular eficazmente su temperatura corporal. Las aguas poco profundas evitan ahogamientos accidentales. Los patitos necesitan tener acceso a agua limpia para beber y limpiarse. Las dietas de iniciación para patitos están especialmente formuladas para ofrecerles los nutrientes necesarios para su crecimiento y desarrollo. Sus necesidades nutricionales cambiarán a medida que maduren, por lo que es importante ajustar su dieta en consecuencia. El cuidado y la nutrición adecuados durante la etapa de patito sientan las bases para un crecimiento sano y la edad adulta.

Incubación de huevos

P: ¿Puedes incubar huevos de pato sin una madre pato?

R: Sí, puedes incubar huevos de pato artificialmente utilizando una incubadora. Mantén los niveles adecuados de temperatura y humedad según las especificaciones de la raza de huevos de pato. Voltear los huevos varias veces al día es crucial para el éxito de la eclosión.

La incubación artificial te permite incubar huevos de pato sin la presencia de una pata nodriza. Una incubadora reproduce las condiciones necesarias para que los huevos se desarrollen y eclosionen con éxito. Es esencial mantener unos niveles constantes de temperatura y humedad, ya que estos factores influyen en el desarrollo del embrión y en el índice de eclosión. Las distintas razas de patos pueden tener requisitos específicos, por lo que es importante investigar y ajustar los parámetros en consecuencia. Voltear los huevos varias veces al día evita que el embrión se pegue a la cáscara y favorece un desarrollo uniforme. Unas técnicas de incubación adecuadas y un seguimiento y ajustes cuidadosos aumentan las posibilidades de éxito de la eclosión y de que los patitos nazcan sanos.

Arrancarse las plumas

P: ¿Por qué a veces los patos se arrancan las plumas unos a otros?

R: El arrancamiento de plumas puede deberse al hacinamiento, el estrés, el aburrimiento o las deficiencias nutricionales. Para minimizar el desplume, asegúrate de que tengan suficiente espacio, ofréceles estimulación mental y suminístrales una dieta equilibrada.

Varios factores pueden provocar el arrancado de plumas. El hacinamiento en el corral o la falta de espacio pueden provocar estrés y agresividad entre los patos y, como consecuencia, que se arranquen las plumas. El aburrimiento y la falta de estimulación mental también pueden contribuir a este comportamiento. Los patos pueden arrancarse las plumas si tienen carencias nutricionales o si su dieta carece de nutrientes esenciales. Para evitar que se arranquen las plumas, asegúrate de que los patos tengan espacio suficiente para moverse e interactuar sin sentirse hacinados. Estimúlalos mentalmente con juguetes, espejos y objetos que puedan picotear para mantenerlos ocupados. Ofrecerles una dieta equilibrada y nutritiva adaptada a sus necesidades minimiza el riesgo de deficiencias nutricionales que pueden provocar el arrancado de plumas.

Patrones de puesta de huevos

P: ¿Con qué frecuencia ponen huevos los patos?

R: La frecuencia de puesta de huevos varía en función de factores como la raza, la edad y las condiciones de luz. En promedio, los patos ponen huevos cada 24-26 horas. Algunos realizan puestas constantes, mientras que otros lo hacen de forma intermitente.

Las pautas de puesta de huevos de los patos pueden variar mucho en función de las características individuales y los factores ambientales. Las distintas razas tienen diferentes niveles de producción de huevos, y algunas son ponedoras más prolíficas que otras. La edad también influye, ya que los patos más jóvenes tienden a poner más huevos que los mayores. Las condiciones de luz, sobre todo el número de horas de luz diurna, influyen en la producción de huevos. Los patos suelen poner huevos cada 24-26 horas, la mayoría a primera hora de la mañana. Sin embargo, algunos patos pueden poner de forma intermitente o hacer pausas en la producción de huevos. Vigilar las pautas de puesta y darles los cuidados adecuados, incluida una iluminación apropiada, garantiza una producción óptima de huevos y el bienestar general.

Sonidos de los patos

P: ¿Qué significan los sonidos de los patos?

R: Los patos se comunican mediante diversos sonidos. Por ejemplo, las hembras suelen graznar, mientras que los machos emiten sonidos más suaves. El graznido puede indicar excitación, advertencia de peligro o simplemente socialización. Observar su comportamiento junto con los sonidos te ayudará a entender su comunicación.

Los patos utilizan vocalizaciones para comunicar una serie de mensajes y emociones. El graznido es uno de los sonidos más reconocibles y suele asociarse a las hembras. Los patos macho suelen emitir sonidos más suaves o silbidos. El graznido puede indicar excitación, como cuando los patos están anticipando la alimentación o la natación. También puede servir como señal de advertencia para alertar a otros patos de un peligro potencial. Los patos graznan para mantener vínculos sociales y establecer su presencia en la bandada. Observar su comportamiento y el contexto de sus vocalizaciones te ayudará a interpretar su comunicación y a comprender sus necesidades y sentimientos.

Muda

P: ¿Cuánto dura normalmente la muda?

R: La muda es el proceso por el que se desprenden las plumas viejas y crecen otras nuevas. Puede durar de varias semanas a un par de meses. Durante este período, es necesario proporcionar una alimentación y unos cuidados adecuados para que las plumas vuelvan a crecer sanas.

La muda suele ser anual y dura de varias semanas a varios meses. Durante este tiempo, los patos pueden tener un aspecto desaliñado y su producción de huevos puede disminuir o cesar temporalmente. La muda requiere una gran cantidad de energía, por lo que una dieta equilibrada y rica en nutrientes es crucial para que las plumas vuelvan a crecer sanas. Los patos pueden ser más susceptibles al estrés y a la depredación durante la muda, así que procura que tengan un entorno seguro y cómodo durante este periodo. Una vez finalizada la muda, los patos tendrán plumas frescas que contribuirán a su salud y aspecto general.

Salud y medicación de los patos

P: ¿Puedes administrar a los patos medicamentos destinados a los pollos?

R: Algunos medicamentos seguros para los pollos pueden no ser adecuados para los patos. Consultar siempre a un veterinario avícola antes de administrar cualquier medicamento para garantizar la dosis adecuada y la eficacia.

Aunque los pollos y los patos son aves de corral, tienen diferencias fisiológicas que pueden afectar a la forma en que metabolizan los medicamentos. Los medicamentos que son seguros para los pollos pueden no ser necesariamente seguros o eficaces para los patos. Algunos pueden tener dosis, periodos de abstinencia o efectos secundarios potenciales diferentes cuando son usados en patos. Es esencial consultar a un veterinario avícola con experiencia en el cuidado de patos. Un profesional puede orientarte sobre los tratamientos y las dosis adecuadas para garantizar la salud y el bienestar de tus patos.

Conducta de los patos

P: ¿Por qué sacuden la cabeza los patos en el agua?

R: Los patos sacuden la cabeza en el agua para limpiarse el pico, los ojos y las fosas nasales. Este comportamiento los ayuda a eliminar la suciedad y los residuos, manteniendo limpias sus zonas sensibles.

Los patos sacuden la cabeza como un comportamiento natural para mantener la higiene y la comodidad. Cuando lo hacen en el agua, se limpian el pico, los ojos y las fosas nasales. Utilizan el pico para buscar comida e interactuar con su entorno, por lo que mantenerlo limpio es importante para su salud general. Sacudir la cabeza los ayuda a eliminar la suciedad, los residuos y cualquier partícula extraña que pueda haberse acumulado. Observando este comportamiento, puedes ser testigo de las rutinas naturales de autocuidado de los patos y de sus adaptaciones para mantenerse limpios y sanos.

Adopción de patos

P: ¿Puedes adoptar o rescatar patos?

R: Sí, puedes adoptar o rescatar patos necesitados. Ponte en contacto con refugios de animales, organizaciones de rescate o santuarios de animales de granja para informarte sobre la adopción de patos. Antes de adoptarlos, asegúrate de que puedes darles los cuidados y condiciones de vida adecuados.

Adoptar o rescatar patos puede ser una experiencia gratificante, pero requiere una cuidadosa consideración y preparación. Si deseas ofrecerles un hogar a patos necesitados, ponte en contacto con refugios de animales locales, organizaciones de rescate o santuarios de animales de granja. Debido a diversas circunstancias, como el abandono o la entrega por parte del propietario, estas organizaciones pueden tener patos disponibles para adopción. Debes disponer de los recursos, el espacio y los conocimientos necesarios para brindar los cuidados adecuados. Los patos tienen necesidades específicas y es importante crear un entorno adecuado y seguro que cumpla sus requisitos de alojamiento, nutrición y bienestar general.

Estas preguntas frecuentes ofrecen una valiosa perspectiva del mundo de la cría de patos. Si comprendes y abordas estos temas, estarás mejor preparado para brindar unos cuidados óptimos a tus patos y crear una experiencia satisfactoria y enriquecedora tanto para ti como para tus amigos emplumados.

Conclusión

Existen muchas razones para optar por los patos en lugar de las gallinas, o incluso junto a ellas. Los patos son conocidos por su carácter amistoso, y cuidarlos puede suponer un gran disfrute. Sin embargo, debes comprender las responsabilidades que conlleva el cuidado de los patos y lo que debes y no debes hacer.

He aquí algunas claves: Los patos no necesitan un refugio elaborado. Prefieren un refugio con un poco de brisa y algo de humedad. También debe ser a prueba de depredadores, ya que los patos se enfrentan a muchas posibles amenazas. Además, lo ideal es que esté a ras de suelo o cerca de él, ya que a la mayoría de los patos no les gusta la altura.

Los patos necesitan agua, tanto para beber como para nadar. No es necesario crear un pequeño estanque. Mientras los patos puedan nadar en círculo, se contentarán con pasar una parte importante del día haciéndolo.

A la hora de elegir un tipo de pato, escoge uno que se adapte a tus necesidades y te resulte manejable. Aunque obtener huevos frescos a diario es gratificante, ten en cuenta que dos personas con sólo cuatro patos podrían producir hasta 800 huevos al año.

Cuidar e interactuar con los patos puede ser agradable, pero es un compromiso que requiere conocimientos adecuados sobre alimentación y cuidados. Esta guía te ofrece información suficiente para ayudarte a crear un hábitat adecuado para tus patos, garantizando su bienestar y felicidad. Comienza con poco, sobre todo si crías patos para uso personal. Si tienes acceso a agua limpia cerca, tus patos podrán prosperar.

Recuerda que incluso los patos más tranquilos pueden generar algo de ruido y suelen ser madrugadores. Si tienes vecinos, ten en cuenta su comodidad. Además, asegúrate de que las autoridades locales te autorizan a tener patos y de que el número de ejemplares es limitado.

Por otro lado, los patos tienen una personalidad encantadora. Son curiosos, cariñosos y pueden encariñarse con sus cuidadores. Si los crías por sus huevos, será un placer. Los huevos de pato son más grandes y ricos que los de gallina, lo que los convierte en un ingrediente muy apreciado en la cocina. Además, los patos son expertos en control de plagas. Se alimentan de babosas, caracoles e insectos diversos, lo que ayuda a mantener el jardín libre de plagas. Además, tienen plumas y plumón, que pueden aprovecharse para hacer manualidades o incluso venderse. Más allá de las ventajas prácticas, criar patos puede reforzar la conexión con la naturaleza. Es una forma práctica de apreciar los ciclos de la vida, el cambio de las estaciones y las sencillas alegrías de la vida al aire libre.

Vea más libros escritos por Dion Rosser

Referencias

(2008, March 20). Ethical breeding: 10 golden rules. Tru-Luv Rabbitry: Quality Holland Lops in Malaysia. https://truluvrabbitry.com/2008/03/20/ethical-breeding-10-golden-rules/

(2021, February 1). Slaughter: how animals are killed. Viva! The Vegan Charity; Viva! https://viva.org.uk/animals/slaughter-how-animals-are-killed/

(N.d.). Fao.org. https://www.fao.org/3/t1690e/t1690e.pdf

(n.d.). Killing rabbits for food. 3 best ways to kill a rabbit. Raising-rabbits.com. https://www.raising-rabbits.com/killing-rabbits.html

(n.d.). Recommended methods of euthanasia: Rabbits. Umaryland.edu. https://www.umaryland.edu/media/umb/oaa/oac/oawa/guidelines/Euthanasia_Rabbits_12.2020.pdf

(n.d.). Slaughtering and dressing rabbits. Msstate.edu. http://extension.msstate.edu/content/slaughtering-and-dressing-rabbits

(N.d.). Standardmedia.Co.Ke. https://www.standardmedia.co.ke/farmkenya/amp/article/2001340660/how-to-make-better-use-of-rabbits-by-products%2010

10 of the most common rabbit health emergencies. (2020, April 16). Best4Bunny. https://www.best4bunny.com/10-of-the-most-common-rabbit-health-emergencies/

Alyssa. (2019, November 4). What do you get from a meat rabbit? Homestead Rabbits. https://homesteadrabbits.com/meat-rabbit-parts/

Alyssa. (2019, October 11). Commercial meat rabbit growth rates. Homestead Rabbits. https://homesteadrabbits.com/meat-rabbit-growth-rates/

Alyssa. (2022, March 4). Raise Meat Rabbits: Quick start guide. Homestead Rabbits. https://homesteadrabbits.com/raise-meat-rabbits/

Alyssa. (2022, March 4). Raise Meat Rabbits: Quick start guide. Homestead Rabbits. https://homesteadrabbits.com/raise-meat-rabbits/

Baby rabbit information. (n.d.). Com.au. https://mtmarthavet.com.au/baby-rabbit-information/

Barnett, T. (2020, April 13). Can you keep rabbits outdoors: Tips for raising backyard rabbits. Gardening Know How. https://www.gardeningknowhow.com/garden-how-to/beneficial/can-you-keep-rabbits-outdoors.htm

Brad. (2021, January 3). Flemish Giant Rabbits: Care and Breeding. Northern Nester. https://northernnester.com/flemish-giant-rabbits/

Browning, H., & Veit, W. (2020). Is humane slaughter possible? Animals: An Open Access Journal from MDPI, 10(5), 799. https://doi.org/10.3390/ani10050799

Budnick, T. (n.d.). A "hare" raising lapse in meat industry regulation: How regulatory reform will pull the meat rabbit out from welfare neglect. Animallaw.Info. https://www.animallaw.info/sites/default/files/Rabbit%20Meat%20%26%20Regulatory%20Reform.pdf

Californian rabbit characteristics, origin, uses. (2022, January 31). ROYS FARM. https://www.roysfarm.com/californian-rabbit/

Caring for an older rabbit. (n.d.). Org.uk. https://www.rspca.org.uk/adviceandwelfare/pets/rabbits/senior

Carter, L. (2020, May 3). How to take care of baby bunnies. Rabbit Care Tips; Lou Carter. https://www.rabbitcaretips.com/how-to-take-care-of-baby-bunnies/

Code of practice for the intensive husbandry of rabbits. (2020, June 23). Agriculture Victoria. https://agriculture.vic.gov.au/livestock-and-animals/animal-welfare-victoria/pocta-act-1986/victorian-codes-of-practice-for-animal-welfare/code-of-practice-for-the-intensive-husbandry-of-rabbits

Collaborator, B. (2020, January 30). What temperature is too cold for rabbits? K&H Pet Products. https://khpet.com/blogs/small-animals/what-temperature-is-too-cold-for-rabbits

Creating a good home for rabbits. (n.d.). Org.uk. https://www.rspca.org.uk/adviceandwelfare/pets/rabbits/environment

Creating the ideal home for your rabbits. (n.d.-b). Org.uk. https://www.pdsa.org.uk/pet-help-and-advice/looking-after-your-pet/rabbits/creating-the-ideal-home-for-your-rabbits

Crossbreeding, outcrossing, linebreeding, and inbreeding. (n.d.). LOTS OF LOPS RABBITRY. http://www.lotsoflops.com/crossbreeding-outcrossing-linebreeding-and-inbreeding.html

Dec. (2017, December 21). Five common diseases that affect rabbits. Petmd.com; PetMD. https://www.petmd.com/rabbit/conditions/five-common-diseases-affect-rabbits

Diina, N. (n.d.). Farm4Trade Suite. Farm4tradesuite.com. https://www.farm4tradesuite.com/blog/10-reasons-to-start-raising-rabbits

Flemish Giant rabbit: Characteristics, uses, origin. (2022, January 31). ROYS FARM. https://www.roysfarm.com/flemish-giant-rabbit/

Guidelines for keeping pet rabbits. (2020, June 12). Agriculture Victoria. https://agriculture.vic.gov.au/livestock-and-animals/animal-welfare-victoria/other-pets/rabbits/guidelines-for-keeping-pet-rabbits

How to skin a rabbit: 2 easy methods (with pictures). (2009, May 2). WikiHow. https://www.wikihow.com/Skin-a-Rabbit

Humane slaughter: how we reduce animal suffering. (2014, May 27). World Animal Protection.

Is rabbit manure good to use in the garden? (2020, July 15). Deep Green Permaculture. https://deepgreenpermaculture.com/2020/07/15/is-rabbit-manure-good-to-use-in-the-garden/?amp=1

Jollity. (2020, February 7). Rabbit lifespan and life stages. Oxbow Animal Health. https://oxbowanimalhealth.com/blog/rabbit-life-stages/

Jones, O. (2020, April 15). 10 best meat rabbit breeds in the world (2023 update). Pet Keen. https://petkeen.com/best-meat-rabbit-breeds/

Kathryn. (2013, December 23). Colony raising rabbits: How to get started. Farming My Backyard. https://farmingmybackyard.com/colonyraisingrabbits101/

Kathryn. (2013, December 23). Colony raising rabbits: How to get started. Farming My Backyard. https://farmingmybackyard.com/colonyraisingrabbits101/

Kathryn. (2019, December 12). Which meat rabbit breeds should you raise? Farming My Backyard. https://farmingmybackyard.com/meat-rabbit-breeds/

Kathryn. (2019, May 29). The best ways to feed rabbits (besides pellets)! Farming My Backyard. https://farmingmybackyard.com/feed-rabbits/

Kellogg, K. (2022, January 4). How to tan a rabbit hide. Mother Earth News – The Original Guide To Living Wisely; Mother Earth News. https://www.motherearthnews.com/diy/how-to-tan-a-rabbit-hide-zmaz83jfzraw/

Klopp, J. (n.d.). Bunny Farming: Why Do People Farm Rabbits? Is It Cruel? Thehumaneleague.org. https://thehumaneleague.org/article/bunny-farming

Kruesi, G. (2020, January 3). Staying warm with rabbit wool. Chelsea Green Publishing. https://www.chelseagreen.com/2020/staying-warm-with-rabbit-wool/

Martin, A. (n.d.). Caring for the elderly or senior rabbit. Lafeber.com. https://lafeber.com/mammals/caring-for-the-elderly-or-senior-rabbit/

McClure, D. (n.d.). Disorders and Diseases of Rabbits. MSD Veterinary Manual. https://www.msdvetmanual.com/all-other-pets/rabbits/disorders-and-diseases-of-rabbits

Montano, C. (2021, January 18). Bone Broth or rabbit. Christinamontano.com. https://www.christinamontano.com/amp/bone-broth-or-rabbit

Murphree, M. E. (n.d.). Backyard grower-consumer perceptions of rabbit meat consumption in rural Mississippi al Mississippi. Msstate.edu. https://scholarsjunction.msstate.edu/cgi/viewcontent.cgi?article=6542&context=td

Ned, & Hannah. (2023, February 13). 6 surprising rabbit manure benefits. The Making Life. https://themakinglife.com/rabbit-manure-benefits/

New Zealand rabbit characteristics use origin. (2022, January 31). ROYS FARM. https://www.roysfarm.com/new-zealand-rabbit/

NOSE TO TAIL-uses for every part of the domestic rabbit. (2012, February 11). Rise and Shine Rabbitry. https://riseandshinerabbitry.com/2012/02/11/nose-to-tail-uses-for-every-part-of-the-domestic-rabbit/

Ockert, K. (2015, November 10). MSU extension. MSU Extension. https://www.canr.msu.edu/news/determining_cage_size_for_rabbits

Owuor, S. A., Mamati, E. G., & Kasili, R. W. (2019). Origin, genetic diversity, and population structure of rabbits (Oryctolagus cuniculus) in Kenya. BioMed Research International, 2019, 7056940. https://doi.org/10.1155/2019/7056940

Pellets and nutrition for meat rabbits. (2012, May 23). Rise and Shine Rabbitry. https://riseandshinerabbitry.com/2012/05/23/pellets-and-nutrition-for-meat-rabbits/

Peoria zoo. (2014, April 7). Peoria Zoo. https://www.peoriazoo.org/animal-groups/mammals/giant-flemish-rabbit/

Planning a Homemade Rabbit Cage. (2014). Therabbithouse.com. http://www.therabbithouse.com/indoor/designing-rabbit-cage.asp

Poindexter, J. (2017, February 23). How to butcher a rabbit humanely in 6 quick and easy steps. Morning Chores. https://morningchores.com/how-to-butcher-a-rabbit/

Pratt, A. (2019, November 11). 5 life stages of pet rabbits and how to keep them healthy. The Bunny Lady; Amy Pratt. https://bunnylady.com/rabbit-life-stages/

Pratt, A. (2020, March 6). How to make Critical Care rabbit formula for emergencies. The Bunny Lady; Amy Pratt. https://bunnylady.com/critical-care/

Pratt, A. (2021, April 5). Rabbits need more space than you think. The Bunny Lady; Amy Pratt. https://bunnylady.com/space-for-rabbits/

Pratt, A. (2021, March 8). How big do rabbits get? (smallest and largest breeds). The Bunny Lady; Amy Pratt. https://bunnylady.com/how-big-do-rabbits-get/

Preparing for emergencies. (n.d.). Therabbithaven.org. https://therabbithaven.org/preparing-for-emergencies

Rabbit bones. (n.d.). Steaksandgame.com. https://www.steaksandgame.com/rabbit-bones-1458

Rabbit breeding system. (2020, April 12). McGreen Acres. https://mcgreenacres.com/blog/rabbits/rabbit-breeding-system

Rabbit breeds: Best 17 for highest profits. (2022, January 28). ROYS FARM. https://www.roysfarm.com/rabbit-breeds/

Rabbit farming: Best beginner's guide with 28 tips. (2022, January 7). ROYS FARM. https://www.roysfarm.com/rabbit-farming/

Rabbit personalities and lifespan. (n.d.). The Anti-Cruelty Society. https://anticruelty.org/pet-library/rabbit-personalities-and-lifespan

Rabbit stock. (2008, January 28). Saveur. https://www.saveur.com/article/Recipes/Rabbit-Stock/

Rabbit's life cycle: From bunny to adult. (n.d.). CYHY. https://creatureyearstohumanyears.com/resources/rabbit-life-cycle

Raising meat rabbits. (2016, October 14). Farming My Backyard. https://farmingmybackyard.com/rabbits/

Richardson, H. (2022, June 8). How to know when to cull rabbits. Everbreed. https://everbreed.com/blog/how-to-know-when-to-cull-rabbits/

Shy rabbits. (2011, July 10). House Rabbit Society. https://rabbit.org/2011/07/faq-shy-rabbits/

Składanowska-Baryza, J., Ludwiczak, A., Pruszyńska-Oszmałek, E., Kołodziejski, P., & Stanisz, M. (2020). Effect of two different stunning methods on the quality traits of rabbit meat. Animals: An Open Access Journal from MDPI, 10(4), 700. https://doi.org/10.3390/ani10040700 (72), K. (2018, September 18). How to skin a rabbit – A step-by-step guide. Steemit. https://steemit.com/howto/@ketcom/how-to-skin-a-rabbit-a-step-by-step-guide

Suitable environment for rabbits. (2015, November 20). Nidirect. https://www.nidirect.gov.uk/articles/suitable-environment-rabbits

Sullivan, K. (2019, November 26). Is your rabbit sick? 9 signs the answer may be "yes." PETA. https://www.peta.org/living/animal-companions/is-my-rabbit-sick/

Tertitsa, T. (2013, October 27). Rabbit stewardship: Ethical, humane, conscientious raising/husbandry. One Community Global.

https://www.onecommunityglobal.org/rabbits/

The Backyard Rabbitry. (2023, February 6). How to choose the right rabbit breed for meat production. The Backyard Rabbitry.

Vanderzanden, E., & Kerr, S. (n.d.). Raising rabbits for meat: Providing basic care. Oregonstate.edu.

Vanderzanden, E., & Kerr, S. (n.d.). Raising rabbits for meat: Providing basic care. Oregonstate.edu.

Walker, J. (2015, January 29). Keeping pregnant rabbits healthy, safe and warm. Coops and Cages. https://www.coopsandcages.com.au/blog/keep-pregnant-rabbits-safe-healthy-warm/

What to feed meat rabbits. (2019, February 14). Countryside. https://www.iamcountryside.com/homesteading/feed-meat-rabbits/

What to know about New Zealand rabbits. (n.d.). WebMD. https://www.webmd.com/pets/what-to-know-about-new-zealand-rabbits

What to know about the Californian rabbit. (n.d.). WebMD. https://www.webmd.com/pets/what-to-know-about-californian-rabbits

What to know about the Flemish giant rabbit. (n.d.). WebMD. https://www.webmd.com/pets/flemish-giant-rabbit

(N.d.). Bothellwa.gov. https://www.bothellwa.gov/561/Dont-Feed-the-Birds#:~:text=A%3A%20Ducks%20are%20natural%20foragers,plants%2C%20crustaceans%2C%20and%20more.

(N.d.). Veterinariadigital.com. https://www.veterinariadigital.com/en/articulos/main-challenges-in-duck-production/

(N.d.-a). Pethelpful.com. https://pethelpful.com/birds/Keeping-Pet-Ducks-and-Geese

(N.d.-b). Zendesk.com. https://meyerhatchery.zendesk.com/hc/en-us/articles/5316673386509-Raising-Ducks-for-Meat#:~:text=For%20the%20first%204%20weeks,not%20gain%20weight%20as%20efficiently.

12 reasons why duck eggs are better than chicken eggs. (2019, November 12). Fresh Eggs Daily® with Lisa Steele. https://www.fresheggsdaily.blog/2019/11/duck-eggs-vs-chicken-eggs-12-reasons.html

Accetta-Scott, A. (2021, October 27). Selecting the best ducks for eggs. Backyard Poultry. https://backyardpoultry.iamcountryside.com/poultry-101/selecting-the-best-ducks-for-eggs/

Addison, J. (2023, May 2). Feeding Ducks: The best food to keep ducks healthy & happy. Birds & Wetlands. https://birdsandwetlands.com/feeding-ducks/

Affeld, M. (2019, November 21). 10 delectable duck egg recipes. Insteading. https://insteading.com/blog/duck-egg-recipes/

Aktar, W., Sengupta, D., & Chowdhury, A. (2009). Impact of pesticides use in agriculture: their benefits and hazards. Interdisciplinary Toxicology, 2(1), 1–12. https://doi.org/10.2478/v10102-009-0001-7

American Pekin duck characteristics, origin, uses. (2021, May 31). ROYS FARM. https://www.roysfarm.com/pekin-duck/

Ariane Helmbrecht. (n.d.). Presswarehouse.com. https://styluspub.presswarehouse.com/browse/author/ff544176-aca6-4453-8b46-b9c9b67db340/Helmbrecht-Ariane

Aylesbury duck characteristics, origin & uses info. (2021, May 31). ROYS FARM. https://www.roysfarm.com/aylesbury-duck/

Aylesbury ducks: Complete breed guide. (n.d.). Fowl Guide. https://fowlguide.com/aylesbury-ducks/

Backyard Sidekick. (2022, October 6). Why do ducks quack? The various meanings of duck quacks. Backyard Sidekick. https://backyardsidekick.com/why-do-ducks-quack-the-various-meanings-of-duck-quacks/

Badgett, B. (2019, August 2). Duck habitat safety – what are some plants ducks can't eat. Gardening Know How. https://www.gardeningknowhow.com/garden-how-to/beneficial/plants-ducks-cant-eat.htm

Barnes, A. (2019, May 15). Daily diet, treats, and supplements for ducks. The Open Sanctuary Project; The Open Sanctuary Project, Inc. https://opensanctuary.org/daily-diet-treats-and-supplements-for-ducks/

Batres-Marquez, S.P. (2017, June 29). U.S. duck production and exports. Iowafarmbureau.com. https://www.iowafarmbureau.com/Article/US-Duck-Production-and-Exports

Bauer, E. (n.d.). Chocolate Mousse. Simply Recipes. https://www.simplyrecipes.com/recipes/chocolate_mousse/

Bethany. (2021, August 30). Raising baby ducks for beginners. Homesteading Where You Are. https://www.homesteadingwhereyouare.com/2021/08/30/raising-baby-ducks-for-beginners/

Bethany. (2022, February 4). All about niacin for ducks: What you should know. Homesteading Where You Are. https://www.homesteadingwhereyouare.com/2022/02/03/niacin-for-ducks/

Brahlek, A. (n.d.). A guide to the ideal diet for backyard ducks. Grubblyfarms.com. https://grubblyfarms.com/blogs/the-flyer/backyard-ducks-diet

Campbell, V. (2015, January 20). How to recognize duck courtship displays. All About Birds. https://www.allaboutbirds.org/news/what-to-watch-for-duck-courtship-video/

Can ducks eat chicken feed? Duck feeding 101. (2020, August 22). Rural Living Today. https://rurallivingtoday.com/backyard-chickens-roosters/can-ducks-eat-chicken-feed/

Chaussee, R. (n.d.). Amino acid nutrition in ducks. Org.Br. http://www.facta.org.br/wpc2012-cd/pdfs/plenary/Ariane_Helmbrecht.pdf

Chiou, J. (2021, September 16). Caramelized apple French toast. Table for Two® by Julie Chiou; Table for Two. https://www.tablefortwoblog.com/caramelized-apple-french-toast/

Commercial feeds. (2012, July 24). Horse Sport. https://horsesport.com/magazine/nutrition/commercial-feeds/

Cosgrove, N. (2022, August 5). Indian runner duck: Pictures, info, traits & care guide. Pet Keen. https://petkeen.com/indian-runner-duck/

DeVore, S. (2020, May 3). Duck breeds. Farminence. https://farminence.com/duck-breeds/

Dickson, P. (2022, October 1). Do ducks purr? Bird noises & interesting facts. Pet Keen. https://petkeen.com/do-ducks-purr/

Diet requirements for backyard ducks - A comprehensive guide. (2023, February 23). Sharpes Stock Feeds; Sharpes Stockfeed. https://www.stockfeed.co.nz/resources/poultry-feed/ducks-diet-requirements/

Dodrill, T. (2021, December 10). Duck language: How to interpret duck behavior. New Life On A Homestead. https://www.newlifeonahomestead.com/duck-language-and-behavior/

Duck egg production, lighting, and incubation. (2021). Gov.au. https://www.dpi.nsw.gov.au/animals-and-livestock/poultry-and-birds/species/duck-raising/egg-production

Duck eggs —. (n.d.). Orange Star Farm. https://www.orangestarfarm.com/duck-eggs

Duck health care. (2020, February 13). Cornell University College of Veterinary Medicine. https://www.vet.cornell.edu/animal-health-diagnostic-center/programs/duck-research-lab/health-care

Duck nutrition. (2020, February 17). Cornell University College of Veterinary Medicine. https://www.vet.cornell.edu/animal-health-diagnostic-center/programs/duck-research-lab/duck-nutrition

Emily. (2022, April 22). Duck egg quiche. This Healthy Table. https://thishealthytable.com/blog/duck-egg-quiche/

Feed mixers for cattle, poultry & Co – amixon® blog. (n.d.). Amixon.com. https://www.amixon.com/en/blog/feed-mixers

Feed supplements poultry shellgrit, Packaging Type: Bags. (n.d.). Indiamart.com. https://www.indiamart.com/proddetail/shellgrit-10716078848.html

Feeding ducks. (n.d.). Ncsu.edu. https://poultry.ces.ncsu.edu/backyard-flocks-eggs/other-fowl/feeding-ducks/

Ferraro-Fanning, A. (2022, June 21). Duck-safe plants and weeds from the garden. Backyard Poultry. https://backyardpoultry.iamcountryside.com/poultry-101/weeding-the-garden-and-duck-safe-plants/

Fraser, C. (2022, May 17). Pekin duck (American Pekin): Pictures, info, traits, & care guide. Pet Keen. https://petkeen.com/pekin-duck/

Girl, L. E. D. (2012, May 31). The beginner's guide to hatching duck eggs. Fresh Eggs Daily® with Lisa Steele. https://www.fresheggsdaily.blog/2012/05/great-eggscape-too-hatching-duck-eggs.html

Greer, T. (2020, July 6). How much protein do ducks really need? Morning Chores. https://morningchores.com/protein-requirements-for-ducks/

Gregory. (2021, July 23). Duck eggs: Taste, preparation, shelf life, and more. Fowl Guide. https://fowlguide.com/duck-eggs-taste-preparation/

HappyChicken. (2020, September 26). Interpreting duck behavior. The Happy Chicken Coop. https://www.thehappychickencoop.com/interpreting-duck-behavior/

HappyChicken. (2021, October 12). Pekin duck breed: Everything you need to know. The Happy Chicken Coop. https://www.thehappychickencoop.com/pekin-duck-breed-everything-you-need-to-know/

HappyChicken. (2022, March 2). Ducks need water. The Happy Chicken Coop. https://www.thehappychickencoop.com/do-ducks-need-water-what-you-should-know/

HappyChicken. (2022, March 4). Best meat duck breeds. The Happy Chicken Coop. https://www.thehappychickencoop.com/best-meat-duck-breeds/

Health & Social Services. (n.d.). Duck. Gov.Nt.Ca. https://www.hss.gov.nt.ca/en/services/nutritional-food-fact-sheet-series/duck

Henke, J. (2020, August 3). Should you wash eggs or not? Successful Farming. https://www.agriculture.com/podcast/living-the-country-life-radio/should-you-wash-eggs-or-not

Herlihy, S. (2022, June 6). Khaki Campbell duck: Breed info, pictures, traits & care guide. Pet Keen. https://petkeen.com/khaki-campbell-duck/

Hess, T., & Griffler, M. (2018, April 3). Potential duck health challenges. The Open Sanctuary Project; The Open Sanctuary Project, Inc.

https://opensanctuary.org/common-duck-health-issues/

Hess, T., & Griffler, M. (2018, March 7). Welcome to waterfowl: The new duck arrival guide. The Open Sanctuary Project; The Open Sanctuary Project, Inc. https://opensanctuary.org/new-duck-arrival-guide/

Hess, T., & Griffler, M. (2023, May 26). How to conduct a duck health check. The Open Sanctuary Project; The Open Sanctuary Project, Inc. https://opensanctuary.org/how-to-conduct-a-duck-health-examination/

Holley, M. (2020, April 19). Raising ducks - pros and cons of backyard ducks. Outdoor Happens. https://www.outdoorhappens.com/raising-ducks-pros-and-cons-of-backyard-ducks/

How do ducks communicate? (2019, November 23). Sciencing; Leaf Group. https://sciencing.com/ducks-communicate-4574402.html

How to store duck eggs (step-by-step guide). (2022, October 2). Homestead Crowd | Homesteading, Gardening, Raising Animals Tips; Homestead Crowd. https://homesteadcrowd.com/how-to-store-duck-eggs/

Human-imprinting in birds and the importance of surrogacy. (n.d.). Wildlifecenter.org. https://www.wildlifecenter.org/human-imprinting-birds-and-importance-surrogacy

Indian Runner duck characteristics, uses & origin. (2021, May 31). ROYS FARM. https://www.roysfarm.com/indian-runner-duck/

Jagdish. (2022, August 10). How to start duck farming from scratch: A detailed guide for beginners. Agri Farming. https://www.agrifarming.in/how-to-start-duck-farming-from-scratch-a-detailed-guide-for-beginners

Khaki Campbell ducks: Characteristics, origin, uses. (2021, May 31). ROYS FARM. https://www.roysfarm.com/khaki-campbell-duck/

Kim, J. (2022a, August 26). Muscovy duck: Facts, uses, origins & characteristics (with pictures). Pet Keen. https://petkeen.com/muscovy-duck/

Kross, J. (2022). Waterfowl vocalizations. Ducks.org. https://www.ducks.org/conservation/waterfowl-research-science/waterfowl-vocalizations

Lazzari, Z. (2011, May 30). When & how to collect duck eggs. Pets on Mom.com; It Still Works. https://animals.mom.com/when-how-to-collect-duck-eggs-12546035.html

Lee, A. (2023, May 28). Decoding duck behavior: A guide for duck owners. Farmhouse Guide; April Lee. https://farmhouseguide.com/decoding-duck-behavior/

Lee. (2020, October 15). How to butcher a duck – a step-by-step picture tutorial. Lady Lee's Home; Lady Lees Home. https://ladyleeshome.com/how-to-butcher-a-duck/

Lesley, C. (n.d.). Hatching duck eggs: Complete 28-day incubation guide. Chickensandmore.com. https://www.chickensandmore.com/incubating-duck-eggs/

Lesley, C. (n.d.-a). Indian runner Ducks for beginners (the complete care sheet). Chickensandmore.com. https://www.chickensandmore.com/indian-runner-duck/

Lesley, C. (n.d.-b). Khaki Campbell duck: Care guide, size, eggs, and more.... Chickensandmore.com. https://www.chickensandmore.com/khaki-campbell-duck/

Lie-Nielsen, K. (2020, September 7). Ducks & geese are great permaculture livestock. Hobby Farms. https://www.hobbyfarms.com/ducks-and-geese-great-permaculture-livestock/

Liz. (2016, May 4). How to make a duck house. The Cape Coop. https://thecapecoop.com/make-duck-house/

Liz. (2016, September 28). Understanding backyard duck behavior. The Cape Coop. https://thecapecoop.com/understanding-backyard-duck-behavior/

Mallard duck nests. (n.d.). Wildlifecenter.org. https://www.wildlifecenter.org/mallard-duck-nests

Mallard life history. (n.d.). Allaboutbirds.org. https://www.allaboutbirds.org/guide/Mallard/lifehistory

Mccune, K. (2021, May 16). What is the best bedding to use for ducklings? Family Farm Livestock. https://familyfarmlivestock.com/what-is-the-best-bedding-to-use-for-ducklings/

Molly. (2022, July 19). Indian Runner ducks: Personality, appearance, and care tips. Know Your Chickens. https://www.knowyourchickens.com/indian-runner-ducks/

Muscovy duck: Characteristics, diet, uses, facts. (2021, May 31). ROYS FARM. https://www.roysfarm.com/muscovy-duck/

New Life on a Homestead. (2022, November 3). Top 10 duck keeping questions answered. Backyard Poultry. https://backyardpoultry.iamcountryside.com/poultry-101/top-10-duck-raising-questions-answered/

 (n.d.). HGTV; Discovery UK. https://www.hgtv.com/outdoors/gardens/animals-and-wildlife/plants-toxic-to-backyard-ducks

Perez, S. (n.d.). Keeping Pet Ducks: Ducklings, Imprinting, and Ethical Treatment. Pethelpful.com. https://pethelpful.com/birds/Keeping-Pet-Ducks-and-Geese

Phillips, E. (2022, January 18). How to care for ducklings. Backyard Poultry. https://backyardpoultry.iamcountryside.com/poultry-101/how-to-care-for-ducklings/

Pierce, R. (2020, August 12). How to introduce new ducks to the flock. The Homesteading Hippy. https://thehomesteadinghippy.com/introducing-ducks-to-the-flock/

Pierce, R. (2022, September 17). Common duck diseases and how to prevent them. The Happy Chicken Coop. https://www.thehappychickencoop.com/duck-diseases/

Pierce, R. (2022, September 30). Free-range ducks: Pros and cons. The Happy Chicken Coop. https://www.thehappychickencoop.com/free-range-ducks-pros-and-cons/

Pierce, R. (2022a, August 10). Aylesbury ducks - the ultimate duck breed guide. The Happy Chicken Coop. https://www.thehappychickencoop.com/aylesbury-duck/

Poindexter, J. (2016, August 28). 10 important things to consider when building a duck coop. Morning Chores. https://morningchores.com/duck-coop-considerations/

Raising meat ducks in small and backyard flocks. (n.d.). Extension.org. https://poultry.extension.org/articles/poultry-management/raising-meat-ducks-in-small-and-backyard-flocks/

Reddy. (2023, March 10). Frequently Asked Questions About Duck Farming. AgriculturalMagazine. https://agriculturalmagazine.com/frequently-asked-questions-about-duck-farming/

Rice and duck farming as a means for contributing to climate change adaptation and mitigation. (n.d.). Fao.org. https://www.fao.org/family-farming/detail/en/c/1618289/

Sachdev, P. (n.d.). Are there health benefits of duck? WebMD. https://www.webmd.com/diet/health-benefits-duck

Sam, & February 1. (2020, February 1). Duck egg carbonara. Our Modern Kitchen. https://www.ourmodernkitchen.com/duck-egg-carbonara/

Sargent, A. (2020, November 28). Everything you ever wanted to know about duck eggs. Crooked Chimney Farm, LLC. https://crookedchimneyfarm.com/blogs/chickens-ducks/everything-you-ever-wanted-to-know-about-duck-eggs

Shaw, H. (2020, November 2). Duck fried rice. Hunter Angler Gardener Cook. https://honest-food.net/duck-fried-rice-recipe/

Shelton, L. (2023, March 13). Duck coops: 15 tips to design the perfect coop for your ducks. AgronoMag. https://agronomag.com/duck-coops/

Signs of malnutrition in birds. (2022, October 8). Petindiaonline.com. https://www.petindiaonline.com/story-details.php?ref=160503223

Steele, L. (2022, December 19). Types of ducks for eggs, meat, and pest control. Backyard Poultry. https://backyardpoultry.iamcountryside.com/poultry-101/types-of-ducks-for-eggs-meat-and-pest-control/

Stockman, F. (2019, June 18). People are taking emotional support animals everywhere. States are cracking down. The New York Times. https://www.nytimes.com/2019/06/18/us/emotional-support-animal.html

Stone, K. (2019, November 18). Commercial vs. Home mixed feed: Helpful answers for you. Stone Family Farmstead; Kristi Stone. https://www.stonefamilyfarmstead.com/commercial-vs-home-mixed-feed/

The DOs and DON'ts of feeding ducks. (n.d.). Friscolibrary.com. https://friscolibrary.com/blogs/post/the-dos-and-donts-of-feeding-ducks/

The Happy Chicken Coop. (2022, September 26). Muscovy duck: Eggs, facts, care guide, and more. The Happy Chicken Coop. https://www.thehappychickencoop.com/muscovy-duck/

The hidden lives of ducks and geese. (2010, June 22). PETA. https://www.peta.org/issues/animals-used-for-food/factory-farming/ducks-geese/hidden-lives-ducks-geese/

Thrifty Homesteader. (2016, June 23). Want eggs? Get ducks! The Thrifty Homesteader. https://thriftyhomesteader.com/want-eggs-get-ducks/

von Frank, A. (2022, August 30). 11 things you should know before raising ducks. Tyrant Farms. https://www.tyrantfarms.com/10-things-you-should-know-before-you-get-ducks/

von Frank, A. (2022, November 1). Duck eggs vs. chicken eggs: how do they compare? Tyrant Farms. https://www.tyrantfarms.com/5-things-you-didnt-know-about-duck-eggs/

von Frank, A. (2023, February 2). Are ducks dirty? Top tips for keeping your duck areas clean. Tyrant Farms. https://www.tyrantfarms.com/are-ducks-dirty-top-tips-for-keeping-duck-areas-clean/

What do ducks eat? Tips and best practices. (n.d.). Purinamills.com. https://www.purinamills.com/chicken-feed/education/detail/what-do-ducks-eat-tips-and-best-practices-for-feeding-backyard-ducks

What ducks and geese are good for foraging? (n.d.). Metzerfarms.com. https://www.metzerfarms.com/blog/what-ducks-and-geese-are-good-for-foraging.html

What should I feed my ducks? (2018, November 9). Org.au. https://kb.rspca.org.au/knowledge-base/what-should-i-feed-my-ducks/

When do you need a vet? (2016, July 7). Raising-ducks.com. https://www.raising-ducks.com/when-do-you-need-a-vet/

Fuentes de imágenes

[1] https://pixabay.com/photos/rabbit-farmer-rabbit-pet-7657156/

[2] https://pixabay.com/photos/rabbit-hutch-house-easter-cottage-502929/

[3] https://unsplash.com/photos/MEbT27ZrtdE

[4] https://unsplash.com/photos/bJhT_8nbUA0

[5] https://www.pexels.com/photo/rural-snowy-village-during-severe-blizzard-4969828/

[6] https://commons.wikimedia.org/wiki/File:NewZealandWhiteRabbit_2.jpg

[7] DestinationFearFan, CC BY-SA 4.0 <https://creativecommons.org/licenses/by-sa/4.0>, vía Wikimedia Commons: https://commons.wikimedia.org/wiki/File:Rex_rabbit_(calico).jpg

[8] Jamaltby en es.Wikipedia, CC BY-SA 3.0 <https://creativecommons.org/licenses/by-sa/3.0>, vía Wikimedia Commons: https://commons.wikimedia.org/wiki/File:PalBuckSide-small.jpg

[9] https://pixabay.com/photos/rabbit-bunny-easter-grass-cute-4813172/

[10] https://commons.wikimedia.org/wiki/File:Californian_Rabbit.JPG

[11] https://unsplash.com/photos/ygqaLPkaB2o

[12] https://unsplash.com/photos/J_cqfq9FjmU

[13] https://unsplash.com/photos/sodF0c8xm-0

[14] Photo by JJ Jordan: https://www.pexels.com/photo/fruit-slices-balancing-on-a-line-7465042/

[15] https://www.pexels.com/photo/medical-stethoscope-and-mask-composed-with-red-foiled-chocolate-hearts-4386466/

[16] https://www.pexels.com/photo/agriculture-arable-bale-countryside-289334/

[17] https://www.pexels.com/photo/2-rabbits-eating-grass-at-daytime-33152/

[18] 4028mdk09, CC BY-SA 3.0 <https://creativecommons.org/licenses/by-sa/3.0>, vía Wikimedia Commons: https://commons.wikimedia.org/wiki/File:Jungtiere_Kleinsilber_Kaninchen.JPG

[19] Shuluh Shasa Nadita, CC BY-SA 4.0 <https://creativecommons.org/licenses/by-sa/4.0>, vía Wikimedia Commons: https://commons.wikimedia.org/wiki/File:Newborn_bunny.jpg

[20] https://www.pexels.com/photo/white-rabbit-wearing-yellow-eyeglasses-4588065/

[21] Photo by Engin Akyurt: https://www.pexels.com/photo/macro-shot-of-heart-shaped-cut-out-1820511/

[22] https://www.pexels.com/photo/selective-focus-photo-of-rabbit-2061754/

[23] https://www.pexels.com/photo/photo-of-a-woman-thinking-941555/

[24] https://www.pexels.com/photo/smiling-girl-holding-gray-rabbit-1462636/

[25] https://www.pexels.com/photo/yellow-ducklings-floating-on-the-sink-with-water-7697682/

[26] https://unsplash.com/photos/JDzoTGfoogA

[27] https://www.pexels.com/photo/ducklings-eating-on-ground-12295250/

[28] https://www.pexels.com/photo/children-sitting-on-a-picnic-blanket-10652690/

[29] © Marie-Lan Nguyen, CC BY 2.5 DEED <https://creativecommons.org/licenses/by/2.5/> Wikimedia Commons: https://commons.wikimedia.org/wiki/File:Anas_platyrhynchos_quacking_Jardin_des_Plantes_Paris_2013-04-22.jpg

[30] https://www.pexels.com/photo/close-up-photography-of-ducks-1024501/

[31] https://unsplash.com/photos/8hbJLsUHULE

[32] https://pixabay.com/photos/ducks-birds-animals-mating-6384735/

[33] Bjoern Clauss, CC BY-SA 2.5 <https://creativecommons.org/licenses/by-sa/2.5>, via Wikimedia Commons: https://commons.wikimedia.org/wiki/File:Runner-ducks.jpg

[34] Keith, CC BY 2.0 <https://creativecommons.org/licenses/by/2.0>, via Wikimedia Commons: https://commons.wikimedia.org/wiki/File:Khaki_Campbell_female.jpg

[35] Djm-leighpark, CC BY-SA 4.0 <https://creativecommons.org/licenses/by-sa/4.0>, via Wikimedia Commons: https://commons.wikimedia.org/wiki/File:Trio_of_Pekin_or_similar_ducks_on_Fishbourne_Mill_Pond,_West_Sussex_(2240o).jpg

[36] Fredricx, CC BY-SA 4.0 <https://creativecommons.org/licenses/by-sa/4.0>, via Wikimedia Commons: https://commons.wikimedia.org/wiki/File:Muscovy_ducks_outside.jpg

[37] Jim Linwood, CC BY 2.0 <https://creativecommons.org/licenses/by/2.0>, via Wikimedia Commons: https://commons.wikimedia.org/wiki/File:Aylesbury_Ducks.jpg

[38] https://www.pexels.com/photo/herd-of-ducks-in-coop-11700747/

[39] https://www.pexels.com/photo/dirty-equipment-industrial-plant-industry-416423/

[40] https://unsplash.com/photos/cyG0m2JpL8Y

[41] https://www.pexels.com/photo/yellow-stethoscope-and-medicines-on-pink-background-4047077/

[42] https://pixabay.com/photos/duck-mallard-bird-nature-wildlife-899078/

[43] https://pixabay.com/photos/egg-duck-green-nest-nature-spring-4067035/

[44] https://pixabay.com/photos/ducklings-pair-birds-beaks-animals-1853178/

[45] https://www.pexels.com/photo/woman-apple-iphone-smartphone-4056509/

[46] https://www.pexels.com/photo/selective-focus-photo-of-flock-of-ducklings-perching-on-gray-concrete-pavement-1300355/

[47] https://pixabay.com/photos/ducks-chicks-mallards-birds-7251870/

[48] https://pixabay.com/photos/rubber-ducks-wedding-wedding-couple-2402752/

[49] https://www.pexels.com/photo/duckling-on-black-soil-during-daytime-162140/

www.ingramcontent.com/pod-product-compliance
Lightning Source LLC
Chambersburg PA
CBHW071956260326
41914CB00004B/824